十万个未解之谜系列

HAIYANG

海洋之谜

青少科普编委会　编著

U0304712

吉林出版集团
JiLin Publishing Group

吉林科学技术出版社
JiLin Science&Technology Publishing House

前言
▶▶▶ Foreword

　　由于地球表面的大部分都是海洋，科学家们便戏称地球为"水球"。博大的海洋是生命的永恒故乡，它拥有无尽的资源和无穷的力量。那么，你了解海洋吗？你知道什么是海岸线吗？你想知道大海为什么会发光吗？……由此可见，大海在我们人类面前提出了诸多的问题。当然，对于大部分成年人来说，一些问题的答案已经是司空见惯了。然而，随着孩子们一天天长大，他们便开始思考许多自己不懂的海洋问题：为什么大海不容易结冰？为什么海洋是风雨的故乡？为什么会有海市蜃楼……事实上，这么多的疑问，有时候就连大人也招架不住。

　　《海洋之谜》是一本专门为儿童编写的注音图书，全书运用通俗易懂的语言，精准地为孩子们解答了他们心底的困惑。

　　对于我们人类来说，海洋就像地球母亲那样给予了我们诸多的资源和财富。读完本书，相信孩子们定会深深爱上慷慨的海洋母亲。现在，就让我们一起遨游其中吧！

目 录
▶▶▶ Contents

海洋地理

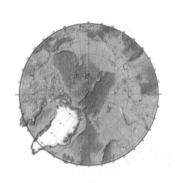

海洋奇观

海洋资源

海洋之谜

海洋地理》》

日常生活中我们常常会听到海洋这个词，事实上，海和洋可是两个不同的概念。那么，有关它们的概念和成员，你又了解多少呢？你知道它们的成员之间也被按照大小排出了不同的名次吗？现在，就让我们一起来解答吧！

原始海洋是孕育生命的摇篮

你了解海洋吗？

在我们人类所生活的这个地球表面，有许多形状不一的水域。尽管它们被陆地分隔，但彼此却是相通的。这片广大的水域，就是海洋。

海洋是怎么来的？

在很长的一个时期内，天空中的水汽与大气是一体的。之后，随着大气的温度慢慢降低，水汽逐渐变成了水滴，而且越积越多。很快，雷电狂风和暴雨浊流便发作了。滔滔的洪水汇集成巨大的水体，形成了原始的海洋。

为什么从太空看地球是蓝色的？

地球的表面积为5.1亿平方千米，而海洋就占了71%。由于海洋是一个连续的整体，陆地看上去就像是漂浮在海洋上一样。加上广阔而连续的海洋水色偏蓝，因此在太空看地球，它就成了美丽的蓝色星体。

大陆也会漂移吗？

德国著名地球物理学家魏格纳创造了大陆漂移学说。他认为，大陆不是固定不动的坚硬地块，而是一个较轻的硅铝层，它漂浮在黏性很大的液态的硅镁层之上，就好像冰浮在水上一样。由于受到外力的作用，它会发生移动。

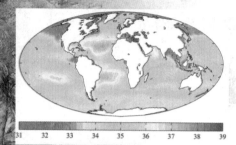

海水最初是什么味儿？

今天的海水是又咸又苦的，但最初的海水却是淡味的。原来，海水蒸发变成雨水落到陆地，最后又流回大海，在流回大海的过程中，它会把陆地上的矿物质带到海里。常年累月之后，海里的矿物质越来越多，海水就变得又咸又苦了。

为什么大海不容易结冰？

海水的含盐度很高，这种盐度下海水的冰点很低。即使达到冰点，由于表面海水的密度和下层海水的密度不一样，造成了海水对流强烈，也不会令海水结冰。此外，由于海洋受洋流、波浪、风暴和潮汐的影响很大，冰晶很难形成。

nǐ zhī dào shén me shì shuǐ xún huán ma
你知道什么是水循环吗?

dì qiú biǎomiàn de shuǐ zài tài yáng fú shè néng hé dì xīn yǐn lì de
地球表面的水在太阳辐射能和地心引力的

xiāng hù zuòyòng xià bù duàn de zhēng fā hé zhēngténg dào dà qì zhōng bìng
相互作用下,不断地蒸发和蒸腾到大气中,并

zài kōngzhōngxíngchéngyún yún zài dà qì huán liú de zuòyòng xià chuán bō
在空中形成云。云在大气环流的作用下传播

dào bù tóng de dì yù zài yǐ jiàng yǔ huòjiàngxuěd=ngxíng shì huí dào hǎi yáng
到不同的地域,再以降雨或降雪等形式回到海洋

huò lù dì de biǎomiàn zhè ge guòchéngbiàn shì shuǐxúnhuán
或陆地的表面。这个过程便是水循环。

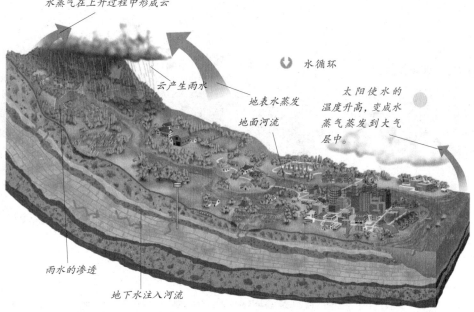

水蒸气在上升过程中形成云

水循环

云产生雨水

地表水蒸发

地面河流

太阳使水的温度升高,变成水蒸气蒸发到大气层中。

雨水的渗透

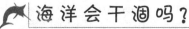

地下水注入河流

hǎi yáng huì gān hé ma
海洋会干涸吗?

wú biān wú jì de dà hǎi měi tiān dōu yàozhēng fā diào xǔ duō de shuǐ
无边无际的大海每天都要蒸发掉许多的水

fèn dàn shì jǐ shí yì nián guò qù le hǎi shuǐ què méi yǒu gān hé zhè shì
分,但是几十亿年过去了,海水却没有干涸,这是

yīn wèi dì qiú shang de shuǐ zài bù duànxúnhuán de yuán gù
因为地球上的水在不断循环的缘故。

什么是洋？

shén me shì yáng

洋，是海洋的中心部分，也是海洋的主体。

世界上大洋的总面积，约占海洋面积的89%。大洋的水深一般在3000米以上，最深处可达1万多米。大洋距离陆地比较遥远，不受陆地的影响。它的水文和盐度的变化不大。

什么是海？

shén me shì hǎi

海，在洋的边缘，是大洋的附属部分。海的面积约占海洋面积的11%。海的水深比较浅，深度从几米到两三千米。海临近大陆，受大陆、河流、气候和季节的影响。海的温度、盐度、颜色和透明度，都受陆地的影响，有明显的变化。

nǐ zhī dào sì dà yáng ma
你知道四大洋吗？

shì jiè shang gòng yǒu　gè dà yáng　jí tài píng yáng　yìn dù yáng　dà
世界上共有4个大洋，即太平洋、印度洋、大

xī yáng　běi bīng yáng　měi gè dà yáng dōu yǒu zì jǐ dú tè de yáng liú hé
西洋、北冰洋。每个大洋都有自己独特的洋流和

cháo xī xì tǒng　dà yáng de shuǐ sè wèi lán　tòu míng dù hěn dà　shuǐ zhōng
潮汐系统。大洋的水色蔚蓝，透明度很大，水中

de zá zhì hěn shǎo
的杂质很少。

地球表面地形图

nǎ ge yáng shì zuì dà de yáng
哪个洋是最大的洋？

tài píng yáng shì shì jiè shang miàn jī zuì dà　shēn dù zuì dà　biān yuán
太平洋是世界上面积最大、深度最大、边缘

hǎi hé dǎo yǔ zuì duō de dà yáng　tā de zǒng miàn jī wéi　wàn píng
海和岛屿最多的大洋。它的总面积为17 868万平

fāng qiān mǐ　zhàn dì qiú biǎo miàn jī de　zhàn shì jiè hǎi yáng miàn jī de
方千米，占地球表面积的1/3，占世界海洋面积的

1/2。

你听过太平洋火圈吗？

"太平洋火圈"是指北太平洋边缘、亚洲东部边缘和美洲西海岸所组成的环形地带。从陆地到海底，这一地区的地震活动比较频繁。

"大西洋"一名是怎么来的？

我国自明代起，在表述地理位置时，常习惯将雷州半岛至加里曼丹作为界线，此线以东为东洋，此线以西为西洋。明神宗时，利马窦来华拜见中国皇帝，他便用中国方式说，他是"小西洋（当时中国指印度洋的说法）"以西的"大西洋"人。从此，便有了大西洋这个名字。

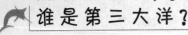

谁是第三大洋？

印度洋是世界的第三大洋，它位于亚洲、大洋洲、非洲和南极洲之间。印度洋不包括属海的面积为 7 342.7 万平方千米，约占世界海洋总面积的 20%。

苏伊士运河　霍尔木兹海峡　印度洋

印度洋属海多吗？

印度洋属海较少：内海有红海和波斯湾；边缘海有阿拉伯海、安达曼海、帝汶海和阿拉弗拉海；大海湾有亚丁湾、阿曼湾、孟加拉湾、卡奔塔利亚湾、大澳大利亚湾。此外，它在南极洲海域也有一些属海。

面积最小的洋是哪个？

北冰洋位于地球的最北面，它大致以北极为中心，介于亚洲、欧洲和北美洲北岸之间，是四大洋中面积和体积最小、深度最浅的大洋。

北冰洋有多少冰？

北冰洋是四大洋中温度最低的寒带洋，这里终年积雪、千里冰封，覆盖于洋面的坚实冰层足有3～4米厚。每当这里的海水向南流进大西洋时，随时随处可见一簇簇巨大的冰山逐流而去。这些冰山看上去就像是一些可怕的海上怪物，它们可是"航运杀手"

世界上有多少个海？

在四大洋的边缘地区，共有大大小小的海达64个。其中有些海属于海中之海，如地中海沿岸的许多海就是这种情况。

地中海在哪里？

地中海是位于欧、亚、非三洲之间的广阔水域，它是世界上最大的陆间海。该海西经直布罗陀海峡可通大西洋，东北经土耳其海峡接黑海，东南经苏伊士运河出红海达印度洋。它不仅是欧亚非三洲之间的重要航道，也是沟通大西洋和印度洋的重要通道。

红海的海水为什么是红色的？

主要原因有两个：一是由于红海的海水含盐量大、水温高，正适合蓝绿藻类在这里大量繁殖生长。大量的红颜色藻类使得海水被映照成红色了；二是来自撒哈拉大沙漠的红色沙尘暴经常侵袭红海上空，加上红海中被大风掀起的红色海浪，这一切映现出了红色。

黑海真的很"黑"吗？

事实上，黑海的海水是无色透明的。由于黑海中的硫化氢气体把海底的淤泥染成了黑色，因此，从海边或海上看过去，黑海就像是黑色的一样。

"珊瑚海"一名是怎么来的？

珊瑚海是太平洋的一个边缘海，以生长美丽的珊瑚而闻名。这里的海水不仅非常洁净，而且含盐度和透明度也很高。此外，珊瑚海的水温也很高，全年水温都在20℃以上。这些条件都有利于珊瑚虫的生长。

马尔马拉海有多大？

马尔马拉海东西长270千米，南北宽约70千米，面积为1.1万平方千米，只相当于我国的4.5个太湖那么大，它是世界上最小的海。

sǐ hǎi shì hǎi ma
死海是海吗？

sǐ hǎi bù shì hǎi　ér shì shì jiè shang hǎi bá zuì dī de hú pō
死海不是海，而是世界上海拔最低的湖泊，

tā wèi yú yuē dàn hé bā lè sī tǎn de jiāo jiè　yóu yú hú shuǐ tài xián
它位于约旦和巴勒斯坦的交界。由于湖水太咸，

sǐ hǎi zhōng méi yǒu shēng wù　jiù lián àn biān jí zhōu wéi dì qū yě méi yǒu
死海中没有生物，就连岸边及周围地区也没有

huā cǎo shēng zhǎng　tā yīn ér bèi rén men chēng wéi　sǐ hǎi
花草生长，它因而被人们称为"死海"。

wèi shén me sǐ hǎi yān bù sǐ rén
为什么死海淹不死人？

sǐ hǎi de hú shuǐ zhōng yán fèn hěn duō　yán fèn zuì duō
死海的湖水中盐分很多，盐分最多

de dì fang qí hán yán liàng kě dá　　　zuǒ yòu　yào bǐ
的地方其含盐量可达300%左右，要比

pǔ tōng hǎi shuǐ de hán yán liàng dà hǎo duō bèi　hú shuǐ zhōng
普通海水的含盐量大好多倍。湖水中

de hán yán liàng dà　qí xiāng duì mì dù zì rán yě dà　sǐ
的含盐量大，其相对密度自然也大，死

hǎi zhōng de shuǐ xiāng duì mì dù wéi　　　zuǒ yòu　ér zhèng
海中的水相对密度为1.2左右，而正

cháng rén de xiāng duì mì dù zuì dà yě bù huì chāo guò
常人的相对密度最大也不会超过1.1。

zài zhè yàng de shuǐ zhōng　rén zì rán jiù fú qǐ lái le
在这样的水中，人自然就浮起来了。

马尾藻海很清澈吗？

马尾藻海是世界上公认的最清澈的海，其透明度达到66米，在某些海区，透明度甚至达到72米。倘若在晴天把照相底片放在马尾藻海1000余米的深处，底片仍能感光。

在航海家眼中，马尾藻海是海上荒漠和船只的坟墓。

为什么说加勒比海是海盗的天堂？

加勒比海这片神秘的海域位于北美洲的东南部，17世纪的时候，这里是欧洲大陆的商旅舰队到达美洲的必经之地。此外，加勒比海上有众多可供躲藏的小岛。因此，当时加勒比海的海盗活动非常猖獗。

波罗的海在什么地方？

波罗的海位于东北欧，该海区呈三岔形，其四面几乎均被陆地所环抱，整个海面介于瑞典、俄罗斯、丹麦、德国、波兰、芬兰、爱沙尼亚、拉脱维亚和立陶宛这9个国家之间。

白令海在哪里？

白令海是太平洋沿岸最北的边缘海，该海区呈三角形。白令海北以白令海峡与北冰洋相通，南隔阿留申群岛与太平洋相连。它将亚洲大陆(西伯利亚东北部)与北美洲大陆(阿拉斯加)分隔开来。

卫星拍摄的白令海峡全貌

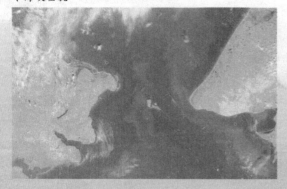

你知道"鄂霍次克海"一名的由来吗?

鄂霍次克海是西北太平洋的一个海,得名于鄂霍次克。鄂霍次克海原本也叫通古斯海或拉穆特海。古时候,日本称其为"北海",后来改为位于欧洲的北海。中国唐代将此海称作"少海"或"北海"。

你听过阿拉伯海吗?

阿拉伯海是印度洋西北部的一片水域,它东靠印度,北接巴基斯坦和伊朗,西沿阿拉伯半岛和非洲之角,南面是印度洋。该海包括亚丁湾和阿曼湾在内,面积为386万平方千米。

阿拉伯海

你听过南海吗?

南海是位于我国南方的海域,它是西太平洋的一部分。该海是我国最深、最大的海,也是仅次于珊瑚海和阿拉伯海的世界第三大陆缘海,位居太平洋和印度洋之间的航运要冲。

○ 南海观音

渤海为什么那么浅?

渤海是个大海盆,就像洗脸盆一样。很久以前,渤海就开始下降,一直到现在。渤海的三面都被陆地包围着,陆地上有8条较大的河流注入渤海,其中包括黄河。黄河将泥沙输入到了渤海,再加上其他河流和风力送来的泥沙,使得渤海的泥沙量加大。年复一年的泥沙沉积,就是渤海逐渐变浅的原因。

shén me shì hǎi àn xiàn
什么是海岸线？

jiǎn dān lái shuō　hǎi àn xiàn shì hǎi yáng yǔ lù dì zhī jiān de jiāo jiè
简单来说，海岸线是海洋与陆地之间的交界
xiàn　dàn yóu yú hǎi yáng cún zài cháo xī biàn huà děng yuán yīn　hǎi àn xiàn bìng
线。但由于海洋存在潮汐变化等原因，海岸线并
bù shì yī tiáo xiàn　ér shì yī tiáo wèi yú gāo cháo wèi hé dī cháo wèi zhī jiān
不是一条线，而是一条位于高潮位和低潮位之间
de cháo jiān dài
的潮间带。

hǎi àn yī bān yóu jǐ gè bù fen zǔ chéng
海岸一般由几个部分组成？

hǎi àn yī bān yóu xiá yì shàng de hǎi àn　hǎi bīn　nèi bīn　wài
海岸一般由狭义上的海岸、海滨、内滨、外
bīn hé jìn àn dài zhè　gè bù fen zǔ chéng hǎi àn de kuān dù kě cóng jǐ
滨和近岸带这5个部分组成。海岸的宽度可从几
shí mǐ dào jǐ shí qiān mǐ　tā yī bān kě fēn wéi shàng bù dì dài zhōng bù
十米到几十千米，它一般可分为上部地带、中部
dì dài cháo jiān dài hé xià bù dì dài zhè　gè bù fen
地带（潮间带）和下部地带这3个部分。

卫星拍摄的渤海湾全貌

你知道什么是海湾吗？

海湾是一片三面环陆的海洋，另一面为海，有U形及圆弧形等。通常以湾口附近的两个对应海角的连线作为海湾最外部的分界线。

世界上有哪些著名海湾？

世界上比较著名的海湾有波斯湾、几内亚湾、墨西哥湾、孟加拉湾、北部湾、阿拉伯湾、亚丁湾、阿拉斯加湾、哈得孙湾、加利福尼亚湾、坎佩切湾和巴芬湾。

在几内亚湾进行军事演习的舰船

你知道波斯湾吗？

波斯湾呈狭长形，为西北—东南走向。它位于伊朗沿岸，其南段为山地，海岸陡峭；北段为狭长的海岸平原，多小港湾。波斯湾地处北回归线高压带，气候炎热，是世界上水温最高的海湾。

卫星拍摄的波斯湾全貌

孟加拉湾是哪里的海湾？

孟加拉湾是印度洋北部的一个海湾，它西嵌斯里兰卡(锡兰)，北临印度，东以缅甸和安达曼—尼科巴海脊为界，南面以斯里兰卡南端之栋德拉高角与苏门答腊西北端之乌累卢埃角的连线为界。孟加拉湾是世界上的第一大海湾，其近海有大量的浮游生物。

孟加拉湾

33

nǐ liǎo jiě hǎi xiá ma
你了解海峡吗？

hǎi xiá shì zhǐ liǎng kuài lù dì zhī jiān lián jiē liǎng gè hǎi huò yáng de
海峡是指两块陆地之间连接两个海或洋的

jiào xiá zhǎi de shuǐ dào tā yī bān shēn dù jiào dà shuǐ liú jiào jí hǎi
较狭窄的水道。它一般深度较大，水流较急。海

xiá de dì lǐ wèi zhì tè bié zhòng yào tā bù jǐn shì jiāo tōng yào dào jí háng
峡的地理位置特别重要，它不仅是交通要道及航

yùn shū niǔ ér qiě lì lái shì bīng jiā bì zhēng zhī dì yīn cǐ rén men
运枢纽，而且历来是兵家必争之地。因此，人们

cháng bǎ hǎi xiá chēng wéi hǎi shàng zǒu láng huáng jīn shuǐ dào
常把海峡称为"海上走廊""黄金水道"。

海峡是怎么分类的？
hǎi xiá shì zěn me fēn lèi de

根据自身所处的水域同沿岸国家的关系，海
gēn jù zì shēn suǒ chǔ de shuǐ yù tóng yán àn guó jiā de guān xì hǎi

峡可分为内海海峡、领海海峡和非领海海峡。
xiá kě fēn wéi nèi hǎi hǎi xiá lǐng hǎi hǎi xiá hé fēi lǐng hǎi hǎi xiá

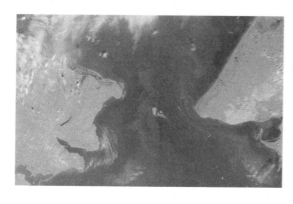

卫星拍摄的白
令海峡全貌

你听过莫桑比克海峡吗？
nǐ tīng guò mò sāng bǐ kè hǎi xiá ma

莫桑比克海峡是西印度洋的一条水道，它是世界上最长
mò sāng bǐ kè hǎi xiá shì xī yìn dù yáng de yī tiáo shuǐ dào tā shì shì jiè shang zuì cháng

的海峡。该海峡的东面是马达加斯加岛，西面是莫桑比克，北
de hǎi xiá gāi hǎi xiá de dōng miàn shì mǎ dá jiā sī jiā dǎo xī miàn shì mò sāng bǐ kè běi

端是科摩罗群岛，南口是印度礁和欧罗巴岛。莫桑比克海峡
duān shì kē mó luó qún dǎo nán kǒu shì yìn dù jiāo hé ōu luó bā dǎo mò sāng bǐ kè hǎi xiá

盛产龙虾、对虾和海参，并以其肉质鲜嫩肥美而享誉世界。
shèng chǎn lóng xiā duì xiā hé hǎi shēn bìng yǐ qí ròu zhì xiān nèn féi měi ér xiǎng yù shì jiè

直布罗陀海峡在哪里？

直布罗陀海峡的地理位置非常重要，它不仅连接了南欧伊比利亚半岛和北非，同时也是地中海通往大西洋的咽喉要道。其北岸为英国的直布罗陀，南岸为摩洛哥。该海峡两岸山势雄伟，景色优美，沿岸有直布罗陀、阿耳赫西拉斯和休达等港口。

英吉利海峡为什么那么繁忙？

位于英国和法国之间的英吉利海峡不仅是世界海运最繁忙的海峡之一，也是欧洲大陆通往英国的最近水道。它西临大西洋，向东通过多佛尔海峡连接北海。该海峡两岸工农业发达，水道密布，因此，海峡中的国际船只往来不绝。

卫星拍摄的英吉利海峡全貌

马六甲海峡的名字怎么来的？

在马来半岛与苏门答腊岛之间，有一条细长的水道，它的西北端是安达曼海，东南端连接南海。这就是马六甲海峡，该海峡因沿岸的马六甲古城而得名。

🐋 马六甲海峡

黑海海峡分布在哪里？

被称为"天下咽喉"的土耳其海峡，是地中海通往黑海的唯一海峡，故又称黑海海峡。它包括博斯普鲁斯海峡、马尔马拉海和达达尼尔海峡三部分。

台湾海峡

nǐ tīng guò tái wān hǎi xiá ma
你听过台湾海峡吗？

tái wān hǎi xiá shì zhōngguó tái wān dǎo yǔ fú jiàn hǎi àn zhī jiān de hǎi xiá shǔdōng hǎi
台湾海峡是中国台湾岛与福建海岸之间的海峡，属东海

hǎi qū gāi hǎi xiá chéng běi dōng nán xī zǒuxiàng chángyuē qiān mǐ zuì zhǎichù zài tái
海区。该海峡呈北东—南西走向，长约370千米，最窄处在台

wān dǎo de bái shā jiǎ yǔ fú jiàn hǎi tán dǎo zhī jiān yuē qiān mǐ
湾岛的白沙岬与福建海坛岛之间，约130千米。

duō fó ěr hǎi xiá zài nǎ lǐ
多佛尔海峡在哪里？

duō fó ěr hǎi xiá shì yīng jí lì hǎi xiá de dōng bù tā jiè yú yīngguó hé fǎ guó zhī
多佛尔海峡是英吉利海峡的东部，它介于英国和法国之

jiān shì lián jiē běi hǎi yǔ dà xī yáng de tōngdào gāi hǎi xiá shì guó jì hángyùn de yào dào
间，是连接北海与大西洋的通道。该海峡是国际航运的要道，

xī běi ōu duō gè guó jiā yǔ shì jiè gè dì zhī jiān de hǎi shanghángxiàn yǒu xǔ duō shì cóngzhè
西北欧10多个国家与世界各地之间的海上航线有许多是从这

lǐ tōngguò de cǐ wài tā yě shì ōu zhōu dà lù yǔ yīng lún sān dǎo zhī jiān jù lí zuì duǎn de
里通过的。此外，它也是欧洲大陆与英伦三岛之间距离最短的

dì fang
地方。

多佛尔海峡

为什么海洋中会有岛屿？

海底的地面是凹凸不平的，岛屿就是凸出海平面的那部分，岛屿形成的原因是各不相同的。它们有些是分裂的大陆碎块形成的，有些是海底火山喷出的熔岩和碎屑物质在海底堆积形成的，有些则是海洋生物骨骼等堆积形成的。

什么是群岛？

群岛一般是指集合的岛屿群体，它是彼此距离很近的许多岛屿的合称。根据成因，它可分为构造升降引起的构造群岛，火山作用形成的火山群岛，生物骨骼形成的生物礁群岛和外动力条件下形成的堡垒群岛。

🔵 百慕大群岛

你听过夏威夷群岛吗？

夏威夷群岛位于太平洋中部，是波利尼西亚群岛中面积最大的一个，共有大小岛屿132个。该群岛的总面积为16 650平方千米，其中只有8个比较大的岛能住人。夏威夷群岛是个火山岛，也是太平洋上有名的火山活动区。

半岛是什么？

半岛是指陆地的一半伸入海洋或湖泊，另一半同大陆相连的地貌状态，它的其余三面被水包围。从分布特点来看，世界上主要的半岛都在大陆的边缘地带。

世界上有哪些著名的半岛？

世界上著名的半岛有阿拉伯半岛、印度半岛、中南半岛、拉布拉多半岛、斯堪的纳维亚半岛、索马里半岛、伊比利亚半岛、小亚细亚半岛、巴尔干半岛、泰梅尔半岛、堪察加半岛、亚平宁半岛、马来半岛和朝鲜半岛等。

什么是港口？

港口是指具有水陆运输设备和条件，供船舶安全进出和停泊的运输枢纽。它既是水陆交通的集结点和枢纽，也是船舶停泊、装卸货物、上下旅客、补充给养的场所。

世界上有哪些主要的航线？

世界上主要的航线有美加航线、欧洲航线、中南美航线、加勒比航线、东南亚航线、中东航线、印巴航线、非洲航线、澳洲航线、地中海航线、红海航线和黑海航线等。

香港在哪里？

香港是座繁华的国际化大都市，它地处珠江口以东，北接广东深圳市，南望广东珠海市的万山群岛，西迎澳门特别行政区。它不仅是国际重要的金融、服务业及航运中心，也是继纽约、伦敦之后的世界第三大金融中心。

香港

鹿特丹港船只

你听过鹿特丹港吗？
nǐ tīng guò lù tè dān gǎng ma

hé lán de lù tè dāngǎng shì shì jiè dì yī dà gǎng tā yǔ wǒ guó
荷兰的鹿特丹港是世界第一大港，它与我国
de shàng hǎi gǎng yī yàng shì yī gè diǎn xíng de hé kǒu gǎng zhè lǐ de hǎi
的上海港一样，是一个典型的河口港。这里的海
yáng xìng qì hòu shí fēn xiǎn zhù dōng nuǎn xià liáng chuán zhī sì jì jìn chū gǎng
洋性气候十分显著，冬暖夏凉，船只四季进出港
kǒu dōu huì chàng tōng wú zǔ
口都会畅通无阻。

鹿特丹港

43

你知道麦哲伦环球航行吗？

麦哲伦环球航行是世界航海史上的一大成就，它是葡萄牙航海探险家麦哲伦率领的探险船队在1519—1522年实现的。该航行不仅开辟了新航线，还证明了地球是个圆球。

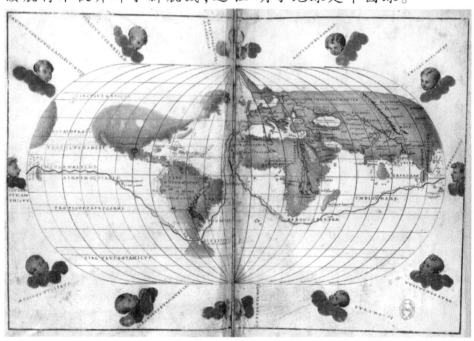

麦哲伦环球航行图

怎么测量海水的深度？

现代测量海水深度的方法是使用一种专业的仪器，人们只要打开仪器的开关，海洋的深度立即就会在仪器上面显示出来。该仪器上装有自动记录装置，能自动把海底的形状精确地连续记录下来。

最深的潜水纪录是多少？
zuì shēn de qián shuǐ jì lù shì duō shǎo

1960 年 1 月 23 日，出生于比利时
nián yuè rì chūshēng yú bǐ lì shí

布鲁塞尔的雅克·皮卡尔与唐·沃
bù lǔ sāi ěr de yǎ kè pí kǎ ěr yǔ táng wò

尔什一起乘坐潜艇潜到了世界最低
ěr shí yī qǐ chéngzuò qián tǐng qián dào le shì jiè zuì dī

点——位于海平面下 1.1 万米处的太
diǎn wèi yú hǎi píngmiàn xià wàn mǐ chù de tài

平洋马里亚纳海沟沟底，创造了人
píngyáng mǎ lǐ yà nà hǎi gōu gōu dǐ chuàngzào le rén

类在水中下潜最深的世界纪录。
lèi zài shuǐzhōng xià qián zuì shēn de shì jiè jì lù

什么是海洋卫星？
shén me shì hǎi yáng wèi xīng

海洋卫星主要用于海洋水色色素的探测，它
hǎi yáng wèi xīng zhǔ yàoyòng yú hǎi yángshuǐ sè sè sù de tàn cè tā

是为海洋生物的资源开发利用、海洋污染监测
shì wèi hǎi yángshēng wù de zī yuán kāi fā lì yòng hǎi yáng wū rǎn jiān cè

与防治、海岸带资源开发、海洋科学研究等领域
yǔ fáng zhì hǎi àn dài zī yuán kāi fā hǎi yáng kē xué yán jiū děnglǐng yù

服务，继而设计发射的一种人造地球卫星。
fú wù jì ér shè jì fā shè de yī zhǒngrén zào dì qiú wèi xīng

海洋气候 》》

　　人们常说——海洋是风雨的故乡，这样的话语你知道是什么意思吗？事实上，有关海洋气候的问题还有很多，比如大海为什么会无风也起浪、为什么会有潮涨潮落的现象、为什么会有海市蜃楼、为什么会有厄尔尼诺现象……

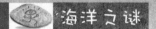
为什么说海洋是风雨的故乡？

在广阔的海面上，海水不断地蒸发进入大气层，海面上的气团就像一个吸满水的湿毛巾。湿气团上升成云，靠太阳和海洋供给的能量，由海面输送到大陆上空，以雨雪的形式降落到地面，再经江河返回海洋。风雨从海洋开始，又回到海洋，因此我们说海洋是风雨的故乡。

为什么大海无风也起浪？

在没有风的日子里，大海也会涌起浪花。这是因为在茫茫的大海上，如果某一处海水被风吹起了波浪，那么这里的波浪不仅会在原地波动，还会源源不断地向四周的海域传递。除此之外，海底的地质变化(比如海底地震等)也会引起海浪。

潮汐有什么规律？

凡是到过海边的人们，都会看到海水有一种周期性的涨落现象：到了一定时间，海水推波逐澜，迅猛上涨，达到高潮；过后一些时间，上涨的海水又自行退去，留下一片沙滩，出现低潮。如此循环重复，永不停息。

法国圣米歇尔岛距离海岸2千米，退潮时，岛底可以显露出来，而在涨潮时，上升的海面则会将小岛围住。

为什么会有潮涨潮落？

潮汐发生时，当月球和太阳在地球的同一侧排成一条直线时，它们对地球的引力相加，引起大潮（潮涨）；当月球和太阳的位置相对于地球成直角时，它们的引力有所抵消，形成小潮（潮落）。

shén me shì cháo xī
什么是潮汐？

cháo xī shì yī zhǒng zì rán xiànxiàng   tā shì hǎi shuǐshòudào yuè qiú
潮汐是一种自然现象，它是海水受到月球

hé tài yáng de yǐn lì   jí wàn yǒu yǐn lì   zuòyòng cóng ér fā shēng de
和太阳的引力（即万有引力）作用，从而发生的

yī zhǒngdìng shí de   yǒu guī lǜ de zhǎngluò
一种定时的、有规律的涨落。

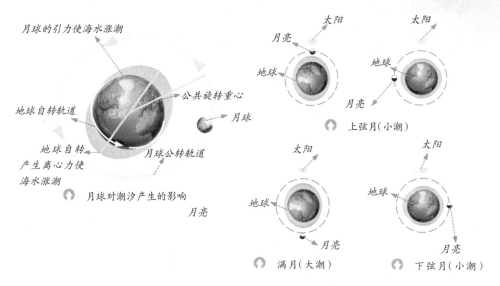

月球的引力使海水涨潮
公共旋转重心
地球自转轨道
月球
地球自转产生离心力使海水涨潮
月球公转轨道
月球对潮汐产生的影响

太阳
月亮
地球
月亮
上弦月（小潮）

太阳
月亮
地球
满月（大潮）

太阳
地球
月亮
下弦月（小潮）

nǐ tīng guò qián táng jiāng dà cháo ma
你听过钱塘江大潮吗？

qiántángjiāng dà cháo shì tiān tǐ yǐn lì hé dì qiú zì zhuàn de lí xīn
钱塘江大潮是天体引力和地球自转的离心

zuòyòng   jiā shànghángzhōuwān lǎ bā kǒu de tè shū dì xíng suǒ zàochéng de
作用，加上杭州湾喇叭口的特殊地形所造成的

tè dà yǒngcháo   měi niánnóng lì bā yuè shí bā   qiántángjiāngyǒngcháo zuì
特大涌潮。每年农历八月十八，钱塘江涌潮最

dà   cháotóu kě dá shù mǐ   hǎicháo lái shí shēng rú léi míng pái shāndǎo
大，潮头可达数米。海潮来时，声如雷鸣，排山倒

hǎi   yóu rú wàn mǎ bēn téng   fēi chángzhuàngguān
海，犹如万马奔腾，非常 壮 观。

海雾是怎么来的？

海雾是海面低层大气中一种水蒸气凝结的天气现象。它的形成，要经过水汽的凝结和凝结成的水滴在低空积聚这两个过程。在这两个过程中还要具备两个条件：一是在凝结时，必须要有凝结核，如盐粒或尘埃等；二是水滴必须悬浮在近海面层中，使水平能见度小于1千米。

海市蜃楼是怎么回事？

平静的海面、大江江面、湖面、雪原、沙漠或戈壁等地方，偶尔会在空中或"地下"出现高大楼台、城郭、树木等幻景，即海市蜃楼。

yáng liú shì shén me
洋流是什么？

yáng liú yòuchēng hǎi liú　　hǎi yángzhōngchú le yóu yǐn cháo lì yǐn qǐ
洋流又称海流，海洋中除了由引潮力引起

de cháo xī yùndòngwài　 hǎi shuǐ yán yī dìng tú jìng de dà guī mó liú dòng
的潮汐运动外，海水沿一定途径的大规模流动。

yǐn qǐ yáng liú yùndòng de yīn sù kě yǐ shì fēng　 yě kě yǐ shì rè yán xiào
引起洋流运动的因素可以是风，也可以是热盐效

yīng zàochéng de hǎi shuǐ mì dù fēn bù de bù jūn yún xìng
应造成的海水密度分布的不均匀性。

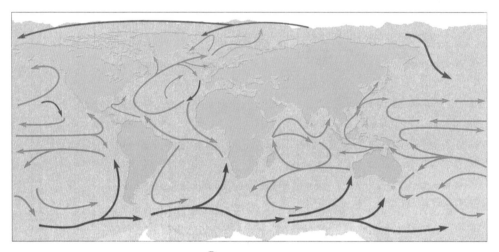

 洋流分布图

yáng liú shì zěn me xíngchéng de
洋流是怎么形成的？

xíngchéngyáng liú de yuán yīn hěn duō　　zuì zhǔ yào de shì dà qì yùn
形成洋流的原因很多，最主要的是大气运

dòng　　dāngshèngxíngfēngchuī fú hǎi miàn　 biǎocéng hǎi shuǐbiàn huì suí fēngpiāo
动。当盛行风吹拂海面，表层海水便会随风飘

dòng shàngcéng hǎi shuǐyòu dài dòng xià céng hǎi shuǐ liú dòng　 zhèyàng jiù xíngchéng
动,上层海水又带动下层海水流动,这样就形成

le xiōngyǒng de yáng liú
了汹涌的洋流。

洋流有什么作用？

洋流中的暖流对沿岸气候有增温增湿的作用，寒流则对沿岸气候有降温减湿的作用；寒暖流交汇的海区，海水受到扰动，可以将下层的营养盐类带到表层，有利于鱼类的大量繁殖。此外，洋流还可以把近海的污染物质携带到其他海域，从而有利于污染的扩散，加快净化速度。

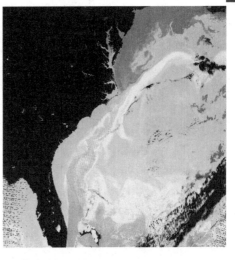

在这幅由美国NASA所拍摄的卫星影像中，橘色的部份代表墨西哥湾流

你知道洋流的种类吗？

根据洋流形成的主导因素，可将洋流分为风海流、密度流和补偿流3种类型。其中的密度流是指不同的海域因海水的温度和盐度不同，导致海水密度分布不均，从而引起的海水流动。

黑潮有什么特点？

黑潮是世界海洋中的第二大暖流，因海水看似蓝若靛青，所以被称为黑潮。

其实，它的本色清白如常。由于海的深沉，水分子对折光的散射以及藻类等水生物的作用等，其外观好似披

上了黑色的衣裳。黑潮具有流速强、流量大、流幅狭窄、延伸深邃、高温高盐等特点。

你知道什么是大洋环流吗？

大洋环流是指海流在大洋中流动的形式是多种多样的，除表层环流外，还有潜流、上升流、下降流、暖流、寒流和涡旋流等。

什么是潜流？
shén me shì qián liú

海洋深处的海水无时无刻不在流动，它们的流向不尽一致，流速也不相同。其中位于表层流之下，流向、流速与表层流不同的海流，被海洋学家称为潜流。潜流是海洋中的暗河，它对潜艇的水下活动影响较大，顺流航行时航速会加快，递流航行时航速会减慢。

🔊 1872年世界洋流的细节图

什么是暖流？
shén me shì nuǎn liú

暖流是指从低纬度流向高纬度的洋流，它的水温比它所到区域的水温高。暖流蕴藏着巨大的热能，对气候的形成和生物的生长有很大的作用。

你听说过海啸吗？
nǐ tīng shuō guò hǎi xiào ma

2004年12月，印尼苏门答腊岛海啸。

海啸是由水下地震、火山爆发或水下塌陷及滑坡等大地活动造成的海面恶浪，并伴随有巨响的现象。这种具有强大破坏力的海浪，是地球最强大的自然力，它所卷起的海涛，波高可达数十米，并能形成极具危害性的"水墙"。

为什么会发生海啸？
wèi shén me huì fā shēng hǎi xiào

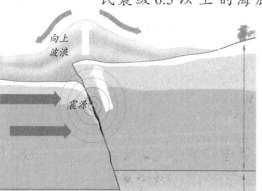

地震引发的海啸示意图

向上波浪

震源

海啸通常是由震源在海底50千米以内、里氏震级6.5以上的海底地震引起的。当海底地震导致海底变形时，变形地区附近的水体产生巨大波动，海啸就产生了。

海啸有哪些类型？

海啸可分为4种类型，即由气象变化引起的风暴潮、火山爆发引起的火山海啸、海底滑坡引起的滑坡海啸和海底地震引起的地震海啸。

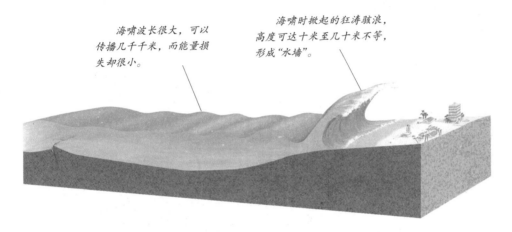

海啸波长很大，可以传播几千千米，而能量损失却很小。

海啸时掀起的狂涛骇浪，高度可达十米至几十米不等，形成"水墙"。

历史上发生过哪些巨大的海啸？

历史上发生过的巨大海啸有印尼火山爆发引起的海啸、华南海啸、葡萄牙里斯本大地震引发的海啸、古希腊克里特火山爆发引发的海啸和2004年印度洋海啸。

什么是厄尔尼诺现象？

正常情况下，热带太平洋区域的季风洋流是从美洲走向亚洲，使太平洋表面保持温暖，给印尼周围带来热带降雨。但这种模式每2—7年就会被打乱一次，使风向和洋流发生逆转。太平洋表层的热流转而向东走向美洲，随之带走了热带降雨，出现所谓的"厄尔尼诺现象"。

拉尼娜是什么？

拉尼娜是指赤道太平洋东部和中部海面温度持续异常偏冷的现象（与厄尔尼诺现象正好相反），它是热带海洋和大气共同作用的产物。

拉尼娜现象常与厄尔尼诺现象交替出现，但发生频率要比厄尔尼诺现象低。

正常的大气环流

信风从东向西吹动

西太平洋海域温度升高

深层海水涌出海面

正常年份

反常的大气环流

东部信风减弱

暖风从西向东移动

厄尔尼诺期间

什么是台风？

台风是产生于热带洋面上的一种强烈热带气旋，它因不同的发生地点和时间而拥有一些不同的叫法。它在欧洲、北美一带被称为"飓风"，在东亚、东南亚一带被称为"台风"，在孟加拉湾地区被称为"气旋性风暴"，在南半球则被称为"气旋"。

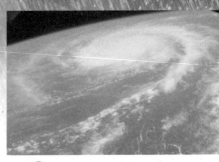

由国际太空站拍摄的飓风

风眼

湿热上升气流

最强的风位于紧贴着风眼外的眼壁下

温暖的海洋提供了驱动风暴所需的能量

由于剧烈的大气扰动，如强风和气压骤变（通常指台风和温带气旋等灾害性天气系统）导致海水异常升降，使受其影响的海区的潮位大大地超过平常潮位的现象就是风暴潮。风暴潮是一种灾害性的自然现象。

chì cháo shì shén me
赤潮是什么？

chì cháo shì yī zhǒng yóu rén wéi yīn sù zào chéng de zì rán xiàn xiàng
赤潮是一种由人为因素造成的自然现象。

tā shì zài tè dìng de huán jìng tiáo jiàn xià hǎi shuǐ zhōng mǒu xiē fú yóu zhí wù
它是在特定的环境条件下，海水中某些浮游植物、

yuán shēng dòng wù jí xì jūn bào
原生动物及细菌爆

fā xìng zēng zhí huò gāo dù jù jí
发性增殖或高度聚集

ér yǐn qǐ shuǐ tǐ biàn sè de yī
而引起水体变色的一

zhǒng yǒu hài shēng tài xiàn xiàng
种有害生态现象。

能够形成赤潮的浮游生物有一个别名，这就是人们常说的"赤潮生物"。

chì cháo shì zěn me lái de
赤潮是怎么来的？

chì cháo shì zài tè dìng huán jìng tiáo jiàn xià chǎn shēng de qí xíng chéng
赤潮是在特定环境条件下产生的，其形成

de xiāng guān yīn sù hěn duō dàn qí zhōng yī gè jí qí zhòng yào de yīn sù
的相关因素很多，但其中一个极其重要的因素

shì hǎi yáng wū rǎn dà liàng hán yǒu gè zhǒng hán dàn yǒu jī wù de fèi wū
是海洋污染。大量含有各种含氮有机物的废污

shuǐ pái rù hǎi shuǐ zhōng cù shǐ hǎi shuǐ fù yíng yǎng huà zhè shì chì cháo zǎo
水排入海水中，促使海水富营养化，这是赤潮藻

lèi néng gòu dà liàng fán zhí de zhòng yào wù zhì jī chǔ
类能够大量繁殖的重要物质基础。

怎么预防赤潮发生？

预防赤潮发生的方法主要有4个：一是控制海域的富营养化；二是人工改善水体和底质环境；三是控制有毒赤潮生物外来种类的引入；四是防止赤潮生物毒素危害人体。

有赤潮生物分布的海域并非一定会发生赤潮，这要看其密度能否达到足以使局部海域水体变色的水平。

什么是海洋污染？

随着社会经济的发展，人口的不断增长，在生产和生活过程中产生的废弃物也越来越多。这些废弃物的绝大部分最终直接或间接地进入到了海洋。当这些废物和污水的排放量达到一定的限度，海洋便受到了污染。诸如海洋油污染、海洋重金属污染、海洋热污染和海洋放射性污染等。

随意丢弃的垃圾给美丽的海滩带来了不和谐的音符。

🌊 生活污水导致
鱼类大量死亡。

海洋污染主要发生在哪里？

海洋污染主要发生在靠近大陆的海湾，污染最严重的海域有波罗的海、地中海、东京湾、纽约湾和墨西哥湾等。

海洋生物 >>>

　　浩瀚的海洋中生活着丰富多彩的生物，比如鲸、海豚、海象、海狮、鲨鱼、电鳐、旗鱼、石斑鱼、海胆、珊瑚、海星、海百合等。这些可爱的生物不仅造型各异，还各自拥有着与众不同的本领，现在，就让我们一起来认识它们吧！

海洋里的生命是怎么来的？

在原始地球上，自然合成的氨基酸和核苷酸随雨水汇集到湖泊海洋里。之后，它们便形成了核酸和蛋白质。随着时间推移，自然合成的生物大分子浓度越来越高，最终形成了具有一定形态结构的分子实体，并进一步进化为最原始的生命。

什么是海洋生物？
shén me shì hǎi yángshēng wù

hǎi yángshēng wù shì zhǐ hǎi yáng lǐ de gè zhǒngshēng wù tā bāo kuò
海洋生物是指海洋里的各种生物，它包括

hǎi yángdòng wù hǎi yáng zhí wù wēishēng wù jí bìng dú děng qí zhōng de
海洋动物、海洋植物、微生物及病毒等。其中的

hǎi yángdòng wù bāo kuò wú jǐ zhuīdòng wù hé jǐ zhuīdòng wù
海洋动物包括无脊椎动物和脊椎动物。

鲸为什么会喷水？

鲸呼吸时是在水面进行的，这是由于鲸的鼻孔在身体的正上方。当鲸的鼻孔打开吸气时，如果在水下，水就会进入鼻腔，引起窒息。鲸呼气时由于体内气体比外界温度高，加之鼻孔外围不可避免地有微量的水，所以当看到鲸鱼喷水雾柱时，那其实是在呼气。

抹香鲸是"潜水冠军"吗？

抹香鲸这种头重尾轻的体型极适宜潜水，加上它喜欢吃巨大的头足类动物，因而大部分栖于深海。抹香鲸常因追猎巨乌贼而"屏气潜水"长达1.5小时，甚至可以潜到2200米的深海，因而被称为哺乳动物中的"潜水冠军"。

座头鲸会唱歌吗？

座头鲸又叫长臂鲸、驼背鲸，它拥有灵敏的听觉，能发出各种"卡塔"声和犹如生了锈的"铰链"声。航海家在海上常常会听到它的歌声。

抹香鲸

虎鲸为什么也叫"杀人鲸"?

虎鲸之所以也叫"杀人鲸",是因为它是世界上最凶残的鲸鱼。虎鲸性情凶猛,善于进攻猎物,是企鹅、海豹等动物的天敌。有时,它还袭击其他鲸类,甚至是大白鲨,可称得上是海上霸王。

虎鲸喜欢群居吗?

虎鲸喜欢群居的生活,它们的胸鳍经常保持接触,显得亲热和团结。如果群体中有成员受伤,或者发生意外失去了知觉,其他成员就会前来帮助。它们用身体或头部连顶带托,使其能够继续漂浮在海面上。就连睡觉的时候,虎鲸也会扎成一堆。

杀人鲸——虎鲸

白鲸为什么招人喜爱？
bái jīng wèi shén me zhāo rén xǐ ài

白鲸是来自北极圈的珍稀海洋哺乳动物，全
bái jīng shì lái zì běi jí quān de zhēn xī hǎi yáng bǔ rǔ dòng wù quán

世界仅存不足10万只。它们前额宽阔圆润，上下
shì jiè jǐn cún bù zú wàn zhī tā men qián é kuān kuò yuán rùn shàng xià

两唇饱满丰厚，小眼睛炯
liǎng chún bǎo mǎn fēng hòu xiǎo yǎn jīng jiǒng

炯有神，透出一股机灵
jiǒng yǒu shén tòu chū yī gǔ jī líng

鬼的模样，十分惹人
guǐ de mú yàng shí fēn rě rén

喜爱。
xǐ ài

可爱的白鲸在
跳舞

wèi shén me hǎi tún hé jīng dōu bù shì yú
为什么海豚和鲸都不是鱼？

zhè shì yīn wèi jīng hé hǎi tún dōu shì yòng fèi hū xī de　ér
这是因为鲸和海豚都是用肺呼吸的，而

bù shì yòng sāi hū xī de　yú huì chǎn luǎn　luǎn zài biàn chéng xiǎo yú
不是用鳃呼吸的。鱼会产卵，卵再变成小鱼，

ér jīng hé hǎi tún shì tāi shēng de　xiǎo jīng hé hǎi tún shì chī mā ma
而鲸和海豚是胎生的，小鲸和海豚是吃妈妈

de nǎi zhǎng dà de　suǒ yǐ shuō jīng hé hǎi tún dōu bù shì yú
的奶长大的，所以说鲸和海豚都不是鱼。

wèi shén me hǎi tún bù shuì jiào
为什么海豚不睡觉？

hǎi tún shì lì yòng hū xī de duǎn zàn jiàn xì
海豚是利用呼吸的短暂间隙

shuì jiào de　zhè yàng tā men zài shuì zháo de shí hou cái
睡觉的，这样它们在睡着的时候才

bù huì yǒu qiāng shuǐ de wēi xiǎn　suǒ yǐ　rén men yǐ
不会有呛水的危险。所以，人们以

wéi hǎi tún zǒng yě bù shuì jiào
为海豚总也不睡觉。

宽吻海豚特别聪明吗？

宽吻海豚特别聪明，有些技巧猴子得练习好几百次才能学会，而宽吻海豚只要训练20次就能运用自如了。在动物中，宽吻海豚的绝对脑重量堪称第一，它们的脑重量甚至比人脑还要重0.1千克，达到1.6千克。此外，宽吻海豚大脑的宽度要超过其长度，这一点也有别于其他的动物。

海象的长牙有什么作用？

有人说，长牙是海象攀登高耸的浮冰或山崖的工具；有人说，长牙是海象和对手格斗的武器；也有人说，长牙是海象用来破碎冻得尚不坚实的冰层。事实上，海象主要是用长牙来挖掘海底以获得食物。因此，它们被一些海洋生物学家称为"水下耕耘者"。

为什么海象的皮肤会变红？

当海象在海水中活动时，皮肤是灰褐色的，可是当它爬上陆地晒太阳时，又会变成玫瑰红或紫红色。这是因为海象晒太阳时间长了，血液循环加快，静脉血管渐渐扩张，皮肤就由褐变红了。

群居的海狮怎样找到自己的孩子？
qún jū de hǎi shī zěn yàng zhǎo dào zì jǐ de hái zi

gānggāng shēng wán hái zi de hǎi shī mā ma bì xū fǎn huí hǎi zhōng wèi
刚刚生完孩子的海狮妈妈必须返回海中为

zì jǐ bǔ chōng tǐ lì xǔ duō yòu hǎi shī yīn
自己补充体力，许多幼海狮因

ér bèi liú zài hǎi tān shang zhè xiē gāng chū shēng
而被留在海滩上。这些刚出生

de xiǎo hǎi shī hěn ruò xiǎo shēn cháng bù zú mǐ
的小海狮很弱小，身长不足1米，

tā men huì fā chū wēi ruò de jiào shēng píng
它们会发出微弱的叫声。凭

jiè zhè zhǒng jiào shēng huí jiā de hǎi shī
借这种叫声，回家的海狮

mā ma jiù huì zhǔn què wú wù de rèn chū zì jǐ de hái zi
妈妈就会准确无误地认出自己的孩子。

海狮的记忆力好吗？
hǎi shī de jì yì lì hǎo ma

zhòng suǒ zhōu zhī hóu zi de jì yì lì fēi cháng jīng rén dàn hǎi shī de jì yì
众所周知，猴子的记忆力非常惊人，但海狮的记忆

lì què gāo yú hóu zi
力却高于猴子。

海豹潜水的本领怎么样？

海豹的潜水本领很高，一般可潜到100米左右。在水深的海域，它们甚至还可潜到300米。

海豹在水下可持续潜水长达23分钟。它们的游泳速度也很快，一般可达每小时27千米。

⬆ 海豹和海狮

海狮和海豹有什么区别？

海狮和海豹的差别主要有两个：一是海狮的鳍状后肢可朝向前方，所以它们能够在陆地上行走，而海豹则不能；二是海豹的耳朵很小，就像小指头一样。

hǎi tǎ yòng shén me zuò wò shì
海獭用什么做"卧室"？

hǎi tǎ yǒu shí shuì zài yán shí shang dàn gèng
海獭有时睡在岩石上，但更

duō de shí jiān shì tǎng zài piāo fú yú hǎi miàn
多的时间是躺在漂浮于海面

de hǎi zǎo shang dāng yù dào hǎi miàn guā
的海藻上。当遇到海面刮

dà fēng bào shí tā men jiù chéng qún de
大风暴时，它们就成群地

pǎo dào àn biān duǒ qǐ lái hǎi tǎ shì yī
跑到岸边躲起来。海獭是一

gè jiàng xīn dú jù de gōng chéng shī dāng tā
个匠心独具的"工程师"，当它

menshàng àn shí huì bǎ yī kuài kuài shí tou bān lái gòu zhù chéng yī gè gè
们上岸时，会把一块块石头搬来构筑成一个个

piào liang de cháo xué zhè biàn shì tā men de wò shì
漂亮的巢穴，这便是它们的"卧室"。

海獭皮毛呈光亮的褐色，非常有质感。

shǎn diàn dǎ dào shuǐ miàn shang huì bù huì diàn sǐ yú
闪电打到水面上会不会电死鱼？

dà dì hé hǎi shuǐ dōu kě yǐ kàn chéng shì liǎng gè dà diàn róng dāng jù
大地和海水都可以看成是两个大电容，当巨

dà de diàn yā jiā zài yú shēn shang shí yú shùn jiān biàn zuò wéi dǎo tǐ dǎo
大的电压加在鱼身上时，鱼瞬间便作为导体导

tōng le tiān shàng de dài diàn yún hé dà hǎi yīn cǐ yú huì shòu dào jù dà
通了天上的带电云和大海。因此，鱼会受到巨大

de diàn liú chōng jǐ yī bān de yú lèi shì bù néng chéng shòu zhè ge chéng dù
的电流冲击，一般的鱼类是不能承受这个程度

de diàn liú de yīn cǐ huì bèi diàn sǐ
的电流的，因此会被电死。

为什么有的鱼头里会有小石头？

有的鱼需要头部有一定的重量才能够保持潜在水中一定的深度，即起到保持平衡的作用，所以，它们的头里会有小石头。

为什么鱼要长鳞？

鱼的身体很柔软，鱼鳞其实就是鱼皮肤的一部分。如果没有鱼鳞，水就会不断地渗入淡水鱼的体内，而海水鱼身体的水分又会跑出来，鱼就活不下去了。刮掉鱼鳞，就等于剥掉鱼的皮肤，鱼就会死掉。

为什么鱼要大量产卵？

鱼之所以要大量产卵，是因为单个鱼卵成活到成年的机会非常小。大多数鱼要产下几万个卵，但之后便对其无能为力了，许多卵甚至在孵化以前就会被吃掉。那些像海马、刺鱼之类能够给予后代某种形式的照料的鱼，产卵的数目一般要少一些。

所有的鲨鱼都吃人吗？

大部分鲨鱼并不袭击人，这些鲨鱼一般生活在海洋底层，以小虾、小鱼等海底动物为食。吃人的鲨鱼只有几十种，包括大白鲨、蓝鲨和虎鲨等，其中以大白鲨最为厉害。

鲨鱼会换牙吗？

鲨鱼的一生需更换上万颗牙齿，很多鲨鱼包括大白鲨，口中都有成排的利齿。只要前排的牙齿因进食脱落，后方的牙齿便会补上，新的牙齿比旧的牙齿更大更耐用。

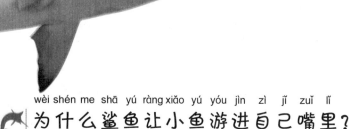

为什么鲨鱼让小鱼游进自己嘴里？

有些鲨鱼允许小鱼作为"清洁工"进入它们的嘴里，帮助它们摆脱寄居动物的烦恼。当这些小鱼完成清洁工作后，鲨鱼还允许它们悠然离去。

为什么说大白鲨是海洋里真正的 "杀手"？

大白鲨又称食人鲨、白死鲨，它是一种大型的进攻性鲨鱼。大白鲨拥有独特冷艳的色泽、乌黑的眼睛、凶恶的牙齿和双颚，这不仅让它成为世界上最易于辨认的鲨鱼，也使其有了"海洋杀手"这个名号。

大白鲨皮肤上的倒刺有什么用？

大白鲨的皮肤有很大的杀伤力，它的"鲨鱼皮"并不是光滑的，那上面虽然没有鱼鳞，但是却长满了小小的倒刺。因此，大白鲨的皮肤比砂纸还要粗糙，猎物哪怕只是被它撞了一下，也会鲜血淋漓。

鲸鲨

鲸鲨性情温和吗？

鲸鲨虽然拥有巨大的身躯，但它却不会对人类造成重大的危害。事实上，鲸鲨的个性是相当温和的，它也会与潜水人员嬉戏。

锤头鲨的眼睛影响捕猎吗？

锤头鲨的头部有左右两个突起，每个突起上各有一只眼睛和一个鼻孔，两只眼睛相距1米。事实上，这种眼睛分布对锤头鲨观察周围情况非常有利。通过来回摇摆脑袋，它可以看到周围360°范围内发生的情况。

为什么说锤头鲨是一种危险的鲨鱼？

wèi shén me shuō chuí tóu shā shì yī zhǒng wēi xiǎn de shā yú

chuí tóu shā de zuǐ ba zhǎng zài tóu de xià fāng　tā mǎn zuǐ dōu shì jiān
锤头鲨的嘴巴长在头的下方，它满嘴都是尖

lì de yá chǐ　chuí tóu shā jīng cháng zài hǎi tān　hǎi wān hé hé kǒu chù chū
利的牙齿。锤头鲨经常在海滩、海湾和河口处出

mò　zhè shì yī zhǒng wēi xiǎn de shā yú　měi nián　shì jiè gè dì jǐ hū
没，这是一种危险的鲨鱼。每年，世界各地几乎

dōu yǒu chuí tóu shā xí jī rén lèi
都有锤头鲨袭击人类

de shì jiàn fā shēng
的事件发生。

锤头鲨

鳐鱼

鲨鱼的近亲鳐鱼靠什么捕食？

捕食的时候，鳐鱼主要靠嗅觉捕猎。它卧在海底时利用特殊的闭口呼吸法尽量避免吸入泥沙，呼吸时，水会通过鳐鱼头顶的管路吸入最后穿过腹面的腮裂流出。猎物经过时，鳐鱼就会突然出击。

电鳐为什么被称为"海底火电站"?

电鳐能随意放电，至于放电的时间和强度，它完全能够自己掌握。电鳐靠发出的电流击毙水中的小鱼、虾及其他的小动物，这是它的一种捕食和打击敌害的手段。

蝠鲼有什么习性?

蝠鲼最具特色的一个习性就是它那"凌空出世"般的飞跃绝技！蝠鲼在跃出海面前，需要做一系列准备工作：在海中以旋转式的游姿上升，接近海面的同时，转速和游速不断加快，直至跃出水面，时而还会伴以漂亮的空翻。

为什么电鳗能放电？

电鳗两侧的肌肉是由多达 8 千枚肌肉薄片重叠排列组成的，每片之间都由胶质的白色条状物隔开，中间连接着许多神经，一直通到脊髓。它那一枚一枚的肌肉薄片就像一个个小"电池"，因而能发电。

盲鳗用什么呼吸？

盲鳗的头部无上下颌，嘴巴就像吸盘一样，但里面却生着锐利的角质齿。它的鳃呈囊状，内鳃孔与咽直接相连，外鳃孔在离口很远的后面向外开口，使身体前部深入寄主组织而不影响呼吸。

五彩鳗鱼

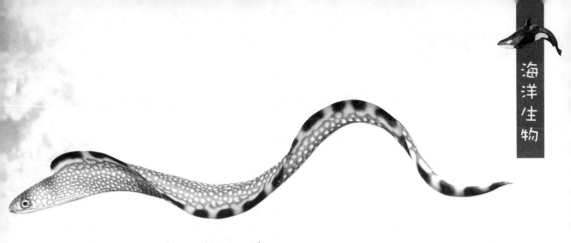

七鳃鳗是"寄生虫"吗？

七鳃鳗像"寄生虫"一样经常用吸盘附在其它鱼体上，靠吸盘内和舌上的角质齿锉破鱼体，吸食其血与肉。有时，被吸食之鱼最后只剩骨架。这类鱼非常奇怪，它喜欢以啃咬的方式进入动物尸体中进食，甚至可以在其中呆上长达3天之久。

旗鱼为什么被称为"游泳冠军"？

旗鱼是海洋中一种大型的凶猛食肉鱼类，也是海洋中游得最快的鱼。它的流线型身体有利于快速游动，当旗鱼快速游动时，它将大旗状背鳍收叠藏于背部凹陷处的沟里，以减少阻力。

○ 旗鱼

旗鱼喜欢吃什么？

qí yú yě jiào bā jiāo yú　　wéi tài píngyáng rè dài jí yà rè dài dà
旗鱼也叫芭蕉鱼，为太平洋热带及亚热带大

yángxìng yú lèi　　tā menshǔ yú ròu shí xìng yú lèi　　bǐ jiào xǐ huanchī yú
洋性鱼类。它们属于肉食性鱼类，比较喜欢吃鱼

shēn wū zéi　yóu yú　　fēi yú　qiū dāo yú děng
参、乌贼、鱿鱼、飞鱼、秋刀鱼等。

肺鱼有肺吗？

fèi yú yǒu hěn fā dá de fèi bù　　tā menzhōng de bù fen chéngyuán
肺鱼有很发达的肺部，它们中的部分成员

jí shǐ méi yǒu shuǐ yě néngkào hū xī kōng qì ér shēngcún
即使没有水也能靠呼吸空气而生存。

非洲肺鱼

石斑鱼为什么又叫"美容护肤"之鱼？

石斑鱼体内的蛋白质含量高，而脂肪含量低，它们除了含有人体代谢所必须的氨基酸外，还富含多种无机盐、铁、钙、磷以及各种维生素。此外，石斑鱼的鱼皮胶质，对增强上皮组织的完整生长和促进胶原细胞的合成有重要作用，因而被称为"美容护肤"之鱼。它们尤其适合妇女产后食用。

什么鱼的两只眼睛长在一侧？

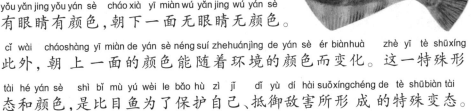

比目鱼的外形与其他鱼类不同，它的两只眼睛长在一侧。这种鱼平时喜欢侧卧着，其朝上一面有眼睛有颜色，朝下一面无眼睛无颜色。此外，朝上一面的颜色能随着环境的颜色而变化。这一特殊形态和颜色，是比目鱼为了保护自己、抵御敌害所形成的特殊变态。

蝴蝶鱼会变色吗？

蝴蝶鱼生活在五光十色的珊瑚礁盘中，其艳丽的体色可随周围环境的改变而改变。由于它的体表有大量的色素细胞，在神经系统的控制下，它们可以使体表呈现出不同的色彩。

飞鱼

飞鱼会飞吗？

飞鱼的胸鳍特别发达，就像鸟类的翅膀一样。那长长的胸鳍一直延伸到尾部，使其整个身体就像织布的"长梭"。飞鱼凭借自己流线型的优美体型，在海中以每秒10米的速度高速运动。它能够跃出水面十几米，其飞行的最远距离达400多米。

你见过翻车鱼吗？

翻车鱼是世界上最大、形状最奇特的鱼之一。它们的身体又圆又扁，像个大碟子。其鱼身和鱼腹上各有一个长而尖的鳍，而尾鳍却几乎不存在。因此，翻车鱼看上去好像后面被削去了一块似的。

xiāng tún shì zěn me yóu yǒng de
箱鲀是怎么游泳的?

yóu yú xiāng tún de shēn tǐ yǒu léng jiǎo　yīn ér　tā men de yóuyǒng zī
由于箱鲀的身体有棱角,因而它们的游泳姿

tài shí fēn yǒu qù　xiāng tún zhǐ yǒu qí　kǒu hé yǎn jing kě yǐ dòng shēn
态十分有趣。箱鲀只有鳍、口和眼睛可以动,身

tǐ wéi yìng lín suǒ pī fù　suǒ yǐ wánquánkào qí mànman de shàng xià　qián
体为硬鳞所披覆,所以完全靠鳍慢慢地上下、前

hòu　zuǒ yòu bǎi dòng　jiù xiàng zhí shēng jī zài yóudòng yī yàng
后、左右摆动,就像直升机在游动一样。

dà mǎ hā yú yī shēng hěn chuán qí ma
大马哈鱼一生很传奇吗?

dà mǎ hā yú zài zì jǐ de shēngmìng lì chéng
大马哈鱼在自己的生命历程

zhōng　wèi le wánchéng yī zhuāngshénshèng de
中,为了完成一桩神圣的

shǐ mìng　tā menxuǎn zé qiān lǐ tiáo tiáo fǎn huí
使命,它们选择千里迢迢返回

gù lǐ　zhè tiáo huíxiāng zhī lù màncháng ér
故里。这条回乡之路漫长而

chōngmǎn le jiān xīn　bìng qiě tú zhōng hái yào jīng
充满了艰辛,并且途中还要经

大马哈鱼

guò shù mǐ gāo de pù bù hé qí tā xǔ duōzhàng ài　dàn dà mǎ hā yú
过数米高的瀑布和其他许多障碍。但大马哈鱼

nìngyuàn lì jīng qiān xīn wàn kǔ　yě yào huí dào gù xiāng
宁愿历经千辛万苦,也要回到故乡。

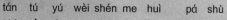

tán tú yú wèi shén me huì pá shù
弹涂鱼为什么会"爬树"？

tán tú yú de xiōng qí tè bié fā dá qí xiōng qí lǐ miàn
弹涂鱼的胸鳍特别发达，其胸鳍里面

de jī ròu cū zhuàng yǒu lì jiù fǎng fú liǎng zhǐ néng gòu shēn suō zì
的肌肉粗壮有力，就仿佛两只能够伸缩自

rú de qiáng jiàn shǒu bì zhèng shì yóu yú yǒu zhè zhǒng
如的强健手臂。正是由于有这种

tè shū de xiōng qí de zhī chēng zài jiā shàng shēn tǐ
特殊的胸鳍的支撑，再加上身体

de tán tiào lì hé wěi qí de tuī dòng lì tán tú yú
的弹跳力和尾鳍的推动力，弹涂鱼

jiù kě yǐ pá shù le
就可以"爬树"了。

shè shuǐ yú wèi shén me néng pēn shuǐ dǎ zhòng kūn chóng
射水鱼为什么能喷水打中昆虫？

shè shuǐ yú de zuǐ lǐ yǒu yī tiáo xiǎo cáo tā men bǎ
射水鱼的嘴里有一条小槽，它们把

xī qǔ de shuǐ yòng shé tou dǐ zài xiǎo cáo lǐ xiǎo cáo xiàng
吸取的水用舌头抵在小槽里，小槽像

guǎn zi shuǐ jiù chéng le zǐ dàn shè chū qù hěn yǒu lì
管子，水就成了子弹，射出去很有力。

zài jiā shàng shè shuǐ yú yǒu yī shuāng néng zì dòng miáo zhǔn de
再加上射水鱼有一双能自动瞄准的

yǎn jing suǒ yǐ tā men néng yòu kuài yòu zhǔn de jī luò kūn chóng
眼睛，所以它们能又快又准地击落昆虫。

为什么鲤鱼和泥鳅长胡子？

wèi shén me lǐ yú hé ní qiū zhǎng hú zi

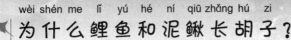

　　鲤鱼和泥鳅的胡子是它们的触须，这些触须
lǐ yú hé ní qiū de hú zi shì tā men de chù xū　zhè xiē chù xū

上有很多感觉味道的细胞，能帮助它们
shàngyǒu hěn duō gǎn jué wèi dào de xì bāo néngbāngzhù tā men

在水中找寻食物。鲤鱼和泥鳅主要在
zài shuǐzhōngzhǎoxún shí wù　lǐ yú hé ní qiū zhǔ yào zài

水底下活动，它们的视力一般都不太好，
shuǐ dǐ xià huódòng　tā men de shì lì yī bān dōu bù tài hǎo

但胡须却给它们增添了很大的方便。
dàn hú xū què gěi tā menzēngtiān le hěn dà de fāngbiàn

鲤鱼

泥鳅

海马捕食有什么绝招？

hǎi mǎ bǔ shí yǒu shén me jué zhāo

　　海马的嘴是尖尖的管形，口不能张合，因此，
hǎi mǎ de zuǐ shì jiān jiān de guǎnxíng　kǒu bù néngzhāng hé　yīn cǐ

它们只能吸食水中的小动物。通常，海马会径
tā men zhǐ néng xī shí shuǐzhōng de xiǎodòng wù　tōngcháng　hǎi mǎ huì jìng

直向它们的小猎物游去，其进化出的灵活体形使
zhí xiàng tā men de xiǎo liè wù yóu qù　qí jìn huà chū de líng huó tǐ xíng shǐ

得它们就像弹簧一般。
de　tā men jiù xiàng tánhuáng yī bān

小海马是海马爸爸生的吗？

小海马都是由爸爸生下来的。每当繁殖季节到来时，海马爸爸的肚子上会长出一个"育儿袋"，海马妈妈则把卵产在育儿袋里。经过20天左右的孕期之后，海马爸爸才小心翼翼地把小海马从育儿袋中释放出来。

叶状海龙

海马

海龙是鱼吗？

海龙属于鱼类，它的表皮披有一层盔甲似的骨质。它的视力很好，以微小的小虾及海蚤为食。由于海龙没有牙齿，所以当它看到食物时，是整个吸进嘴里的。

刺鲀如何抵御敌人？
cì tún rú hé dǐ yù dí rén

平时，刺鲀身上的硬刺平贴在它的身上，看起来与别的鱼没有太大的区别。但当它遇敌时，刺鲀会立即大口吞进海水，强大的水压使其全身胀大，倒下的硬刺也竖立起来，形成一个大刺球，让敌人无法下口。

蓑鲉美丽的尖刺有毒吗？
suō yóu měi lì de jiān cì yǒu dú ma

蓑鲉拥有大大的扇子一样的胸鳍，其背鳍上的刺毒性很强。平常，毒刺被一层薄膜包围着。当遇到敌害时，膜会破裂，蓑鲉便用毒刺攻击对方。如果人类不小心被它刺破皮肤，虽不至于被毒死，其伤口也会疼痛难忍。

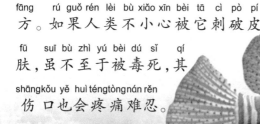

海绵怎么捕食？
hǎi mián zěn me bǔ shí

◐ 海绵

海绵的体表有许多凸起，凸起的旁边有许多小孔，而凸起的顶端则是一个大孔。通常，海水会从小孔流进去，又从大孔流出来，那些微小的生物随着水流进入海绵体内，继而成为"自投罗网"的食物。

◐ 海胆

海胆的刺可以再生吗？
hǎi dǎn de cì kě yǐ zài shēng ma

海胆的胆壳表面长有许多中空的长刺，胆壳南北两极的刺最短，而赤道区的刺最长。通常，海胆身上断掉的棘刺可以再生出来。棘刺是中空的、易碎的，而且有刺激性及毒性。

shān hú shì dòng wù hái shì zhí wù
珊瑚是动物还是植物？

shān hú shǔ yú dòng wù　　tā shàngmiàn de róu nèn xiǎo huā duǒ　　shí jì
珊瑚属于动物，它上面的柔嫩小花朵，实际

shang jiù shì yī gè gè shān hú chóng　　xiǎo huā duǒ de xià bù chéngyuántǒng
上就是一个个珊瑚虫。小花朵的下部呈圆筒

xíng shàngmiàn de　 huā bàn　 shì tā de chùshǒu　　chùshǒu de zhōngjiān yǒu
形，上面的"花瓣"是它的触手。触手的中间有

美丽的珊瑚

kǒu　shān hú　jiù yòngchùshǒu lái　bǔ huò hǎi zhōngwēi xiǎo de　fú yóushēng wù
口，珊瑚就用触手来捕获海中微小的浮游生物，

zuò wéi zì jǐ de shí wù
作为自己的食物。

海葵是肉食动物吗？

生活在热带珊瑚礁中的海葵，白天伸展着有色彩的部分使共生藻充分进行光合作用，晚上则用触手捕食。海葵看上去像花朵一样，但它却是肉食动物。通常，海葵喜欢捕食鱼、贝壳、浮游动物及蠕虫。

海参没有内脏会死吗？

遇到敌害时，海参会抛出自己的内脏。事实上，它是靠抛出内脏的反作用力来迅速游走的。海参有内脏再生的能力，倘若它丢了内脏，再过12天左右，它还会生出新的内脏来。没有内脏期间，海参身体内会有其他组织来帮助它完成内脏的工作，使其能够正常生活。

海葵

海兔胃里的牙齿有什么用？

海兔是一种软体动物，它有3个胃，其中的2个长有细齿，能进一步磨碎食物。

海兔一生主要以海藻为食，它的胃口很大。

砗磲的名字是怎么来的？

砗磲俗称为蚵、大蚵，古称车渠。由于它的壳表面粗糙，有突起的放射肋，肋间形成了一条条深沟，看上去就像被车轮轧过的渠道一样，因而有了砗磲这个名字。

海螺为什么叫"盘中明珠"？

海螺的肉丰腴细腻，味道鲜美，素有"盘中明珠"的美誉。它富含蛋白质、维生素和人体必需的氨基酸及微量元素，是典型的高蛋白、低脂肪、高钙质的天然动物性保健食品。

为什么说鹦鹉螺是海洋里的"活化石"？

鹦鹉螺的整个螺旋形外壳光滑如圆盘状，形似鹦鹉嘴，故而得名"鹦鹉螺"。它已经在地球上经历了数亿年的演变，但外形、习性等变化很小，因而被称作海洋中的"活化石"。鹦鹉螺在研究生物进化和古生物学等方面有很高的价值。

海百合是动物吗？
hǎi bǎi hé shì dòng wù ma

海百合的身体有一个像植物茎一样的柄，柄
上端羽状的东西是它们
的触手，也叫腕。这些触
手就像蕨类的叶子一样，
因而人们常以为它们是植
物。事实上，它是一种棘
皮动物。

🔊 海百合

蛇尾的腕可以再生吗？
shé wěi de wàn kě yǐ zài shēng ma

蛇尾的腕很容易断，人们在海边采集蛇尾时，
稍有不慎就会把它的腕掐断。事实上，蛇尾有很
强的"自切"和再生能力，为此，有人将其称之
为"脆海星"是不无道理的。

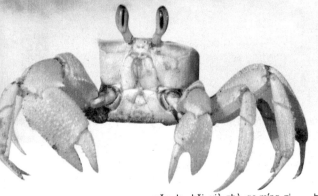

海蟹吃什么？

海蟹的体型有点像椭圆形，其两端尖尖的，就像织布梭一样，它们因此有了海蟹这个名字。海蟹是杂食性的动物，它们既吃鱼、虾、贝及藻，也吃同类，甚至吃一些动物的尸体。

南极磷虾为什么会发光？

南极磷虾的眼柄基部、头部、胸的两侧和腹部的下面长着一粒粒金黄色的并略带红色的球形发光器，当它们受到惊吓时，发光器就能发出像萤火虫那样的磷光来。

龙虾怎样抵御敌人？

遇到敌人时，龙虾会迅速向后，弹跳躲避。如果实在躲不开，它便会丢下自己的肢体迷惑捕食者。通常，龙虾会丢弃的肢体包括螯、腿、大小触角等。不过，有时候龙虾也会由于某些未知因素而丢弃自己的螯。

鲎有几只眼睛？

鲎有4只眼睛，其头胸甲前端有两只0.5毫米的小眼睛，这对小眼睛对紫外光最敏感。此外，鲎的头胸甲两侧有一对大复眼，其中的每只复眼都是由若干个小眼睛组成的。

为什么水母能发光？

水母发光靠的是一种名为埃奎林的神奇的蛋白质，这种蛋白质遇到钙离子就能发出较强的蓝色光。水母在海里游动，身体显现着球形的蓝光，后面的几条长长的触手则闪耀着细长的光带，随着水母游动的身体弯曲和摆动。

为什么水母没牙却会咬人？

在水母的触手上或伞盖边缘，隐藏着许多刺细胞，刺细胞里有毒液和一根盘卷的刺丝。当它遇到猎物或敌害时，刺丝会立即弹射到对方体内，同时还放出毒液，使受害者感到很痛苦，仿佛被狠狠咬了一下。

为什么寄居蟹要背螺壳？
wèi shén me jì jū xiè yào bēi luó ké

寄居蟹总是背着一个
jì jū xiè zǒng shì bēi zhe yī gè

大螺壳，事实上，这个
dà luó ké   shì shí shang zhè ge

螺壳不是捡来的，就是
luó ké bù shì jiǎn lái de   jiù shì

寄居蟹把螺壳主人弄死
jì jū xiè bǎ luó ké zhǔ rén nòng sǐ

后抢来的。螺壳对寄居蟹
hòu qiǎng lái de   luó ké duì jì jū xiè

的作用很大，如果它遇到可怕的敌
de zuòyòng hěn dà   rú guǒ tā yù dào kě pà de dí

人，就把身体缩进坚硬的螺壳中，使敌人无可奈何。
rén   jiù bǎ shēn tǐ suō jìn jiān yìng de luó ké zhōng shǐ dí rén wú kě nài hé

为什么螃蟹爱吐泡泡？
wèi shén me páng xiè ài tǔ pào pao

螃蟹是用鳃呼吸的，当它在水里时，鳃把水
páng xiè shì yòng sāi hū xī de   dāng tā zài shuǐ lǐ shí   sāi bǎ shuǐ

中的氧吸到血液中，再把被滤过的"废"水从嘴
zhōng de yǎng xī dào xuè yè zhōng   zài bǎ bèi lǜ guò de   fèi shuǐ cóng zuǐ

两边吐出来。当它登陆上岸时，鳃里存的水被
liǎng biān tǔ chū lái   dāng tā dēng lù shàng àn shí   sāi lǐ cún de shuǐ bèi

渐渐用掉了，鳃变得干燥，呼吸也愈发困难起来。
jiàn jiàn yòng diào le   sāi biàn de gān zào   hū xī yě yù fā kùn nán qǐ lái

这时，螃蟹就拼命地鼓起嘴和鳃，从身体后面吸
zhè shí   páng xiè jiù pīn mìng de gǔ qǐ zuǐ hé sāi   cóng shēn tǐ hòu miàn xī

进空气，再从嘴两边吐出来。因为它吸进的空气
jìn kōng qì   zài cóng zuǐ liǎng biān tǔ chū lái   yīn wèi tā xī jìn de kōng qì

多，吐出的气体连带水分也相应要多，自然就在
duō   tǔ chū de qì tǐ lián dài shuǐ fèn yě xiāng yìng yào duō   zì rán jiù zài

嘴两边形成很多白色泡沫。
zuǐ liǎng biān xíng chéng hěn duō bái sè pào mò

你见过玳瑁吗?

玳瑁是海龟的一种,它主要以海绵为食。其头顶有两对前额鳞,背面的角质板表面光滑,具有褐色和淡黄色相间的花纹。

为什么海鸥总追着轮船飞?

在浩瀚的大海中,小鱼、小虾之类很容易被轮船激起的浪花打得晕头转向,漂浮在水面上。自然,这一现象很快就被视力极强的海鸥所发现。这种"守株待兔"的觅食方式,当然是海鸥的聪明之举。

为什么信天翁能喝海水解渴？
wèi shén me xìn tiān wēng néng hē hǎi shuǐ jiě kě

在信天翁的管状鼻孔内，有一些特别的器官，可以把它体内过剩的盐分变成黏液，之后再从鼻孔排出来，从而保持其体内盐分的含量。

为什么要保护海洋动物？
wèi shén me yào bǎo hù hǎi yáng dòng wù

随着科技的发展，人类开始大肆捕杀海洋生物。事实上，人类的健康和海洋世界的健康是息息相关的，我们必须致力于拯救海洋及其资源。

真的有海怪吗？

自古以来，世界各国的渔夫和水手中间就流传着可怕的海怪故事。在传说中，这些海怪往往体形巨大，形状怪异，甚至长了很多头。19世纪以来，随着现代动物学的发展，一些过于荒诞的海怪传说逐渐消失。但还有一些报道，似乎仍证明着海怪的存在。

尼斯湖水怪

海洋里有哪些植物？

海洋植物可以简单地分为两大类：低等的藻类植物和高等的种子植物。

不过，海洋植物是以藻类为主的。海洋里的植物都被称为海草，有的海草很小，要用显微镜放大几十倍、几百倍才能看见。它们由单细胞或一串细胞所构成，长着不同颜色的枝叶，靠着枝叶在水中漂浮。

红叶海藻

红树林的名字是怎么来的？

由于从红树林群落中的植物树皮中可以提炼出红色的染料，所以人们将这种植物群落称为红树林。

为什么称海带是含碘冠军？

海带是一种含碘量很高的海藻，一般含碘3‰～5‰，多的可达7‰～10‰。从海带中提制的碘和褐藻酸，广泛应用于医药、食品和化工。

紫菜生长在哪里？

紫菜被称为"海洋蔬菜"，其在南北半球均有分布。它生长于潮间带的高潮线，通常在富氮的水中（如污水排水管的出口附近）生长得最好。

为什么说紫菜是海中韭菜？

紫菜的样子有点像韭菜，长成后可以反复的采割。第一割的叫第一水，第二割的叫第二水，依次类推，其中第一水的紫菜也叫初水海苔，这种紫菜特别细嫩，营养也比较丰富。

绿藻有分身术吗？

绿藻不用种子来繁殖后代，事实上，它具有神奇的分身术，这个本领是由绿藻特有的生物活性生长因子C.G.F决定的。有了C.G.F，绿藻细胞便可以越分越多，并保证细胞基因不会发生变异。在生长环境优越的情况下，一个绿藻的细胞内可以分出4~16个孢子来，这些小小的孢子又长成了母亲的模样。

 海洋奇观 >>>

时而平静、时而肆虐的大海拥有着诸多神奇的景观，比如会发光、拥有会冒"盐泡"的海冰、拥有深海平原等。除此之外，深邃的海底不仅会爆发火山，还拥有河流和温泉。那么，这些海洋奇观究竟是怎么产生的呢？

wèi shén me dà hǎi huì fā guāng
为什么大海会发光？

qī hēi de yè wǎn zài mángmáng de dà hǎi shang cháng
漆黑的夜晚，在茫茫的大海上常

cháng kě yǐ kàn dào yī dào dào guāng shǎn lái shǎn qù zhè xiē
常可以看到一道道光闪来闪去。这些

guāng yuǎn kàn hǎoxiàng shì hǎi zhōng de dēnghuǒ dàn shí jì shang
光远看好像是海中的灯火，但实际上，

tā men lái zì yú nénggòu fā guāng de hǎi yángshēng wù bǐ
它们来自于能够发光的海洋生物，比

rú biānmáochóng shuǐ mǔ děng
如鞭毛虫、水母等。

wèi shén me hǎi píng miàn huì gāo dī bù píng
为什么海平面会高低不平？

yóu yú dì qiú de biǎomiàn shì āo tū bù píng de yīn ér dì qiú de
由于地球的表面是凹凸不平的，因而地球的

dì xīn yǐn lì yě shì gè bù yī yàng de tóngyàng de dào lǐ hǎi yáng dǐ
地心引力也是各不一样的。同样的道理，海洋底

bù de yǐn lì yě shì gè bù yī yàng de rú zài sī lǐ lán kǎ pángbiān
部的引力也是各不一样的。如在斯里兰卡旁边

de hǎi dǐ dì qiào hòu suǒ hán wù zhì jiào duō tā de yǐn lì xiāngduì bǐ
的海底地壳厚，所含物质较多，它的引力相对比

jiào dà xī yǐn hǎi shuǐ jiù huì duō yī diǎn shǐ yángmiàn bǐ qí tā hǎi miàn
较大，吸引海水就会多一点，使洋面比其他海面

gāo chū yī gè shuǐfēng bīng dǎo fù jìn de hǎi miàn dì qiào báo yǐn lì
高出一个"水峰"；冰岛附近的海面地壳薄，引力

zì rán yě huì xiǎo xī yǐn hǎi shuǐ de liàng yě huì biànxiǎo yú shì xíngchéng
自然也会小，吸引海水的量也会变小，于是形成

le yī gè bǐ sì zhōu dà yángshuǐmiàn dī de shuǐ gǔ
了一个比四周大洋水面低的"水谷"。

wèi shén me yuǎn chù de hǎi shuǐ yǔ tiān xiāng lián
为什么远处的海水与天相连？

yīn wèi dì qiú shì yuán de ér rén de shì jué què shì píng de suǒ
因为地球是圆的，而人的视觉却是平的，所

yǐ yuǎn yuǎn wàng qù hǎi shuǐ jiù hé tiān lián zài le yī qǐ
以远远望去，海水就和天连在了一起。

nǐ tīng guò hǎi bīng ma
你听过海冰吗？

hǎi bīng shì zhǐ zhí jiē yóu hǎi shuǐ dòng jié ér chéng de xián shuǐ bīng yě
海冰是指直接由海水冻结而成的咸水冰，也

bāo kuò jìn rù hǎi yáng zhōng de dà lù bīng chuān bīng shān hé bīng dǎo hé
包括进入海洋中的大陆冰川（冰山和冰岛）、河

bīng jí hú bīng
冰及湖冰。

南极冰山

海冰为什么有"盐泡"?

海水结冰时,是其中的水冻结,而将其中的盐分排挤出来,部分来不及流走的盐分便以卤汁的形式被包围在冰晶之间的空隙里,从而形成"盐泡"。此外,海水结冰时,还会将来不及逸出的气体包围在冰晶之间,形成"气泡"。

海底有什么秘密?

海底有座相当高耸的海洋"山脊",从而形成了一道水下"山脉"。海洋底部的"山脊"也叫断裂谷,断裂谷里不断地冒出岩浆,岩浆冷却后,在大洋底部造成了一条条蜿蜒起伏的新生海底山脉,这个过程就叫海底扩张。

hǎi dǐ dì xíng kě fēn wéi jǐ bù fen
海底地形可分为几部分？

hǎi dǐ dì xíng bāo kuò dà lù biānyuán dà yángpén dì hé dà yángzhōng
海底地形包括大陆边缘、大洋盆地和大洋中

jǐ sān dà bù fen qí zhōng de dà lù biānyuányuēzhàn dà yángpén
脊三大部分。其中的大陆边缘约占22%，大洋盆

dì yuēzhàn dà yángzhōng jǐ zhàn dà lù biānyuán shì dà lù
地约占45%，大洋中脊占33%。大陆边缘是大陆

yǔ yáng dǐ zhī jiān de guò dù dì dài
与洋底之间的过渡地带。

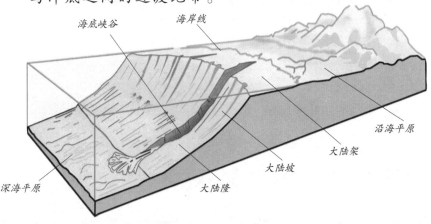

海底峡谷　海岸线
沿海平原
大陆架
大陆坡
深海平原
大陆隆

shén me shì dà lù jià
什么是大陆架？

dà lù jià yě chēng dà lù qiǎn tān tā shì zhǐ huán rào dà lù de qiǎn
大陆架也称大陆浅滩，它是指环绕大陆的浅

hǎi dì dài dà lù jià dì xíng yī bān jiào wéi píng tǎn dàn yě yǒu xiǎo de
海地带。大陆架地形一般较为平坦，但也有小的

qiū líng pén dì hé gōu gǔ shàngmiànchú jú bù jī yán luǒ lù wài dà bù
丘陵、盆地和沟谷；上面除局部基岩裸露外，大部

fen dì qū bèi ní shāděngchén jī wù suǒ fù gài dà lù jià shì dà lù
分地区被泥砂等沉积物所覆盖。大陆架是大陆

de zì rán yánshēn yuánwéi hǎi àn píngyuán hòu yīn hǎi miànshàngshēng zhī
的自然延伸，原为海岸平原，后因海面上升之

hòu cái chén nì yú shuǐ xià chéngwei qiǎn hǎi
后，才沉溺于水下，成为浅海。

大陆架分布在哪里？

大陆架的范围自海岸线起，向海洋方面延伸，直到海底坡度显著增加的大陆架坡折处为止。大陆架坡折处的水深在20～550米间，平均为130米，也有把200米等深线作为其下限的。

大陆架海底有什么？

大陆架海底的资源非常丰富，其石油占全球的25%，渔获量及滨海砂矿也很可观。事实上，陆地上的许多石油矿也是在大陆架海底环境中生成的。因此，对大陆架的划分和主权的拥有，就成为国际上十分重视和争议激烈的问题。

shén me shì dà lù pō
什么是大陆坡？

dà lù pō jiè yú dà lù jià hé dà yáng dǐ zhī jiān tā shì lián xì
大陆坡介于大陆架和大洋底之间，它是联系

hǎi lù de qiáoliáng dà lù pō yī tóu lián jiē zhe lù dì de biānyuán yī
海陆的桥梁。大陆坡一头连接着陆地的边缘，一

tóu lián jiē zhe hǎi yáng
头连接着海洋。

dà lù pō yǒu jǐ zhǒng lèi xíng
大陆坡有几种类型？

dà lù pō zhǔ yào yǒu zhǒng bù tóng de lèi xíng yī shì duàn liè xíng
大陆坡主要有5种不同的类型：一是断裂型

huò dǒu yá xíng dà lù pō rú yī bǐ lì yà bàn dǎo xī běi cè de dà lù
或陡崖型大陆坡，如伊比利亚半岛西北侧的大陆

pō èr shì qiánzhǎn duī jǐ xíng dà lù pō rú měi guó dà xī yáng yī cè
坡；二是前展堆积型大陆坡，如美国大西洋一侧

de dà lù pō sān shì qīn shí xíng dà lù pō rú zài hǎi dǐ xiá gǔ hé
的大陆坡；三是侵蚀型大陆坡，如在海底峡谷和

huá pō fā yù de dì qū sì shì jiāo xíng lù pō rú yóu kǎ tǎn bàn dǎo
滑坡发育的地区；四是礁型陆坡，如尤卡坦半岛

de dà lù pō wǔ shì dǐ pì xíng dà lù pō rú mò xī gē wān yī dài
的大陆坡；五是底辟型大陆坡，如墨西哥湾一带。

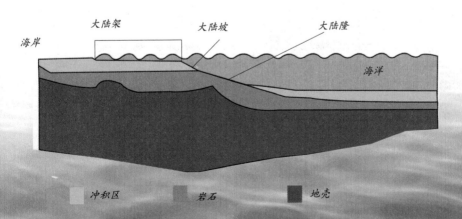

岛弧有什么奇妙之处？

大多数的岛弧都是由两列平行的、弯弓状的岛屿组成的，这样一种双岛弧的内列由一串爆发的火山组成，而其外列则由非火山的岛屿组成。在只有单列弧的情况下，组成它的岛屿很多是有火山活动的。

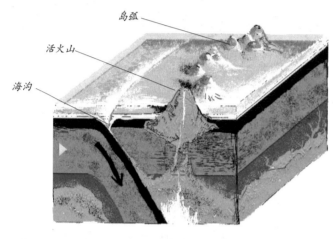

岛弧
活火山
海沟

海底的海沟、活火山和岛弧分布图

什么是海沟？

海沟是位于海洋中的两壁较陡、狭长的、水深大于5000米的沟槽，大多分布于活动的海洋板块边缘，在海洋板块与大陆板块的交界处，一般认为它是地球板块相互挤压作用的结果。

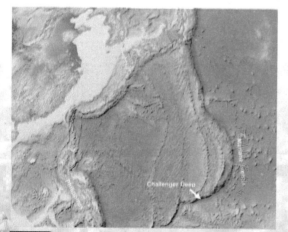

Challenger Deep

太平洋西部的马里亚纳海沟深度可达11 034米，不仅是世界上最深的海沟，也是海洋里最深的地方。

海沟很深吗？
hǎi gōu hěn shēn ma

海沟深度一般在 6 000 米以上，有的超过 10 000 米。地球上最深且最知名的海沟是马里亚纳海沟，它位于西太平洋马里亚纳群岛东南侧，深度大约为 11 034 米。如果把世界屋脊——珠穆朗玛峰移到这里，将被淹没在 2 000 米的水下。

珠穆朗玛峰(8 844.43 米)

马里亚纳海沟(11 034 米)

如果把世界最高的珠穆朗玛峰放入马里亚纳海沟，它的顶峰还要差 2 000 米才能露出水面。

海沟有什么特征？
hǎi gōu yǒu shén me tè zhēng

海沟一般有三大特征：一是海沟长 500～4 500 千米，宽 40～120 千米，在平面上大多呈弧形向大洋凸出，近陆侧陡峻，近洋侧略缓；二是海沟两侧普遍为阶梯状的地貌，地质结构复杂；三是沿海沟分布的地震带是地球上最强烈的地震活动带。

你听过边缘海盆地吗？

边缘海盆地位于岛弧与大陆之间（如日本海），或岛弧与岛弧之间（如菲律宾海），它既可以单个出现，也可以被海底岭脊分隔成若干次级海盆。边缘海盆地主要分布在太平洋西部，少数则见于大西洋和印度洋。

大洋盆地是什么样子的？

大洋盆地是海洋的主体，约占海洋总面积的 45%。它的主要部分是水深在 4 000 ~ 5 000 米的开阔水域，称为深海盆地。

南海深海盆

海洋深处有平原吗？

西澳大利亚海盆

深海平原是大洋深处平缓的海床，是地球上最平坦和最少被开发的地段。它们通常位于 4 000 ~ 6 000 米深度上，处于大陆架和大洋中脊之间，延展数百千米宽。

海底会有火山爆发吗？

海底有非常多的火山，其中不少是活火山。

由于火山大多会在地壳薄且又不稳定的地区，而海洋不仅地壳薄，高低起伏还很大，有时下陷的地区形成海沟；也有特别隆起而形成海底山脉的。火山就最喜欢这种地方，一旦它找到机会爆发时，再多的海水也阻止不了它。

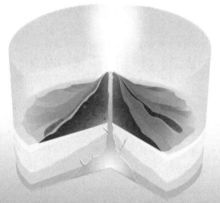

海底火山如何爆发？

海底火山爆发时，在水较浅、水压力不大的情况下，常有壮观的爆炸。这种爆炸性的海底火山爆发时，会产生大量的气体，主要是来自地球深部的水蒸气、二氧化碳及一些挥发性物质，还有大量火山碎屑物质及炽热的熔岩喷出。

海底也有河流吗？

海底河流也像陆地河流一样，能够冲出深海平原。只是深海平原就像海洋世界中的沙漠一样荒芜，这些地下河渠能够将生命所需的营养成分带到这些沙漠中来。

你听过海底浊流吗？

海底浊流是大量携带海底浊流泥沙等悬浮物质沿海底或湖底流动的束状水流，其密度远大于周围的水体。通常，海底的地滑、洪水、强浪或海啸等都能引起海底浊流。

海底有温泉吗？

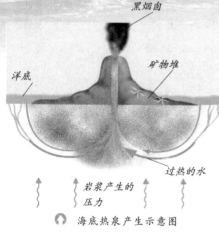

黑烟囱

矿物堆

洋底

过热的水

岩浆产生的压力

🔊 海底热泉产生示意图

海底温泉是海底深处的喷泉，其原理和火山喷泉类似。它是一个非常奇异的现象：蒸气腾腾、烟雾缭绕、烟囱林立，就好像重工业基地一样。此外，在"烟囱林"中，还有大量生物围绕着烟囱生存。

海底温泉是怎么来的？

科学家们在太平洋、印度洋、大西洋的中脊和红海等地相继发现了许多正在活动的和已经死亡的海底温泉。原来，大洋中脊是多火山多地震区。当岩石破碎强烈，海水能通过破碎带向下渗透，渗入的冷海水受热后，便会以温泉形式从海底泄出。

什么是大洋中脊？

大洋中脊是纵贯世界大洋的洋底山系，全长约8万多千米，在构造上为板块的生长扩张边界，它上面很少有沉积物覆盖。

纵向延伸的中央裂谷和横向断裂带是大洋中脊最突出的特征。

由于冰岛的位置正好处于大西洋的中脊上，所以地震和火山频繁出现。

大洋中脊是怎么分布的？

在太平洋，大洋中脊的位置偏东，被称为东太平洋海隆（海岭）；在大西洋，大洋中脊呈"S"形，与两岸近于平行，向北可延伸至北冰洋；在印度洋，大洋中脊分3支，呈"入"字形。

海洋资源 >>>

　　除了丰富的生物资源以外，海洋母亲还孕育出了诸
多其他的资源，如海洋元素、海底锰结核、海底黄金、
食盐、石油、可燃冰、滨海砂矿等。这些资源大大丰富
了我们人类的生活，因此，我们应该保护好海洋环境，
感谢海洋母亲的馈赠。

为什么说海洋是个巨大的宝库？

海洋是一个巨大的能源宝库，它不仅有多种发电方式，还能为人们提供充足的蛋白质及鲜美海产。此外，海洋还是化学资源的"聚宝盆"，因为海水中含有大量的钾、镁、碘、溴、铀等元素以及锰结核等丰富的海底矿藏。

海洋生物资源是什么？

海洋生物资源又称海洋水产资源，它是指海洋中蕴藏的经济动物和植物的群体数量，是有生命、能自行增殖和不断更新的海洋资源。

你知道世界四大渔场吗？

从洋流对渔场影响的角度来看，世界四大渔场指的是北海渔场、北海道渔场、纽芬兰渔场和秘鲁渔场。

水产品可分为几大类？

水产品通常可分为鱼、虾、蟹、贝四大类，其中的鱼类有鲈、鲑、甲鱼、鳗、石斑、黄鲳、左口、真鲷及三纹鱼等；虾类有新西兰大龙虾、沼虾、河虾等；蟹类有中华绒螯蟹、美国珍宝蟹、皇帝蟹、膏蟹、清蟹等；贝类有加拿大象鼻蚌、蛏、蚝、蛤等。

大螯虾

^{shén me shì hǎi yáng mù chǎng}
什么是海洋牧场？

海洋牧场是指在某一海域内，采用一整套规模化的渔业设施和系统化的管理体制（如建设大型人工孵化厂、大规模投放人工鱼礁、全自动投喂饲料装置、先进的鱼群控制技术等），利用自然的海洋生态环境，将人工放流的经济海洋生物聚集起来，进行有计划有目的的海上放养鱼虾贝类的大型人工渔场。

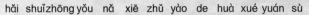

海水中有哪些主要的化学元素？

海水的成分是很复杂的，它里面的化学元素含量差别很大。除了氢和氧之外，每升海水中含量在1毫克以上的元素有氯、钠、镁、硫、钙、钾、溴、碳、锶、硼和氟11种，一般称之为"主要元素"。

锰结核的化学成分依据锰矿物的种类、大小及核心特性而有所不同。

听过海底锰结核吗？

锰结核是沉淀在大洋底的一种矿石，它表面呈黑色或棕褐色，形状如球状或块状。锰结核含有30多种金属元素，其中最有商业开发价值的是锰、铜、钴、镍等。

海洋中储藏着黄金吗？

事实上，海洋中储藏有黄金。最早发现海水中含有黄金是在1872年，最新统计显示，全世界海洋中包含的黄金不会超过1.5万吨。

海水中的盐是从哪里来的？

海水中的一部分盐来自它对海底的岩石和沉积物的溶解，但大部分盐却是"淡水"的河流带来的。雨水在数以亿计的时间里敲击着裸露的岩石，将矿物质溶解并带走，这些矿物质包括化学家们所定义的盐，这些盐随着地面的水流最终注入大海。从古到今，海洋中不断补充着来自陆地的盐。

怎样从海水中提取食盐？

目前，从海水中提取食盐的方法主要是"盐田法"这是一种古老而至今仍广泛沿用的方法。使用该法需要在气候温和、光照充足的地区选择大片平坦的海边滩涂，从而构建盐田。

中国早期的"炼海煮盐"法

海水可以直接饮用吗？

海水中各种物质浓度太高，远远超过饮用水卫生标准，如果大量饮用，会导致某些元素过量进入人体，影响人体正常的生理功能，严重的还会引起中毒。

海水淡化有哪些方法？

海水淡化的方法有几十种，最主要的有蒸馏法、电渗法、冷冻法、膜分离法等。蒸馏法是目前应用最多的方法，这种方法是先把水加热、煮沸，使海水产生蒸气，再把蒸气冷凝下来变成蒸馏水。

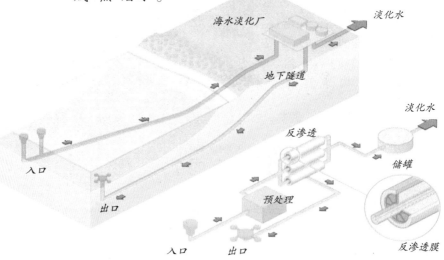

什么是海水淡化？

海水淡化是指通过水处理技术，脱除海水中的大部分盐类，使处理后的海水达到生活用水或工业纯净水标准，使其能作为居民饮用水和工业生产用水。

1953年，科威特建起第一座日产455万升的海水淡化厂。现在，科威特拥有5座大型海水淡化厂，日产淡水10.65亿升，居民用水和工业用水完全自给。位于科威特大塔群的淡蓝色球形的储水塔，已经成为科威特的标志。

海水中有哪些燃料？

海水中可以提取出铀和重水。铀裂变时产生的热量比地球上所有的煤炭燃烧时产生的热量还要多，它就是核反应堆的核燃料。重水中含有重氢，重氢在常温常压下是一种无色无味无毒的可燃性气体。海水中提取的重氢燃烧时，所产生的总热量是世界上所有矿物燃烧时所发出热量的几千倍。

海水淡化厂

海底石油怎么形成的？

在中、新生代，海底板块和大陆板块相挤压，形成许多沉积盆地，这些盆地形成了几千米厚的沉积物。这些沉积物被沉积的泥沙埋藏在海底，构造运动使盆地岩石变形，形成断块和背斜。伴随着构造运动而发生的岩浆活动，产生了大量热能，加速有机质转化为石油，从而形成现今的陆架油田。

● 海底石油分布

■ 海底锰结核分布
中国多金属结核
资源矿区

世界大洋海底石油和锰结核分布图

波斯湾为什么有很多石油？

波斯湾的石油之所以多，是因为古时候那里的各种有机物，特别是低等的动植物像藻类、细菌、蚌壳、鱼类等死后埋藏在不断下沉缺氧的海湾、泻湖、三角洲、湖泊等地，经过许多物理化学作用，最后逐渐形成了石油。

海底为什么会有煤呢？

海底的煤是由古代植物残骸堆积层转化来的。在微生物作用下，这些植物遗体经分解、变化，逐渐转变为泥炭层，泥炭是就是最初级的"煤"。

为什么开采可燃冰很难？

可燃冰大多埋藏在海底的岩石中，这给开采和运输带来极大困难。此外，可燃冰哪怕受到极小的破坏，都足以导致甲烷气体大量泄漏。一旦发生井喷事故，就会造成海啸、海底滑坡、海水毒化等灾害。

什么是滨海砂矿？

在滨海的砂层中，常蕴藏着大量的金刚石、砂金、砂铂、石英以及金红石、锆石、独居石、钛铁矿等稀有矿物。由于它们在滨海地带富集成矿，所以被称为"滨海砂矿"。它在浅海矿产资源中，其价值仅次于石油、天然气，居第三位。

海水能发电吗？

海水发电的方式很多，如潮汐发电、海水温差发电、海水盐度差别发电等。

潮汐可以发电吗？

潮汐能可以发电，其发电原理与普通水利发电原理类似。在涨潮时，它将海水储存在水库内，以势能的形式保存。在落潮时，放出海水，利用高、低潮位之间的落差，推动水轮机旋转，从而带动发电机发电。

潮汐发电示意图。

海　河口　海　河口

143

什么是海水温差发电?

海洋温差发电主要是利用氨和水的混合液。

与水的100℃相比,氨水的沸点是33℃,容易沸腾。

借助表面海水的热量,利用蒸发使水沸腾,用氨蒸气带动涡轮机。氨蒸气会被深层海水冷却,重新变成液体。在这一往返过程中,可以依次将海水的温差变成电力。

什么是海洋污染物?

海洋污染物是指主要经由人类活动而直接或间接进入海洋环境,并能产生有害影响的物质或能量。人们在海上和沿海地区排污可以污染海洋,而投弃在内陆地区的污物也能通过大气的搬运及河流的携带而进入海洋。

海洋污染物有几大分类？

海洋污染物主要有石油及其产品，金属和酸碱，农药，放射性物质，有机废物和生活污水，热污染和固体废物这六大类。

怎么会有海洋石油污染？

海洋石油污染主要是在开采、运输、炼制及使用等过程中流失而直接排放或间接输送入海的，它是当前海洋中主要的、且易被感官觉察的量大、面广，对海洋生物能产生有害影响，并能损害优美的海滨环境的污染物。

什么是海洋中的白色污染？

白色污染是人们对难降解的白色垃圾(多指塑料袋)污染环境现象的一种形象称谓。目前,人们倒入海洋中的白色垃圾数量要远远超过其清理的数量。

海洋垃圾

为什么要建立海洋保护区？

建立海洋保护区主要有两方面的显著作用：一是可以形成海洋生物物种的基因库；二是该保护区可以成为开展科学研究的天然实验室。

为什么要保护海洋环境？

海洋污染对海洋中的各类生物影响最为深远，而如何有效保护海洋环境，减缓海洋生物物种的非正常消失，为那些受环境改变而面临灭顶之灾的物种留下一片尽可能适应它们生息、繁衍的海域，是保护海洋生态系统平衡的一项重要使命。

海洋之谜 》》》

自古以来，在广袤无垠的海洋中，便流传着无数的未解之谜。它们或是神秘的大西洲之谜，或是神奇的海底玻璃，亦或是传说的美人鱼……无论哪一个，都让急于知晓答案的专家们无从定论。那么，这些谜底究竟有什么呢？

古老的海水存在吗？

科学家们普遍认为：海洋是古老的，而洋壳是年轻的。经测量，北大西洋中层水为600年，北大西洋底层水为900年，北大西洋深层水为700年。然而，和地球年龄差不多一样古老的海水至今还没有被发现。

北大西洋

海底淡水来自何处？

海底的淡水是从何处来的呢？各国科学家经过艰辛探索，提出了不少理论，主要有渗透理论、凝聚理论、岩浆理论和沉降理论等。其中的渗透理论认为，海底的淡水来自陆地；而凝聚理论则认为，海底的有些海水是海底空气中的水蒸气凝聚而成的。

海洋中有"无底洞"吗？

海洋中存在着"无底洞"，现已发现的有印度洋无底洞、希腊无底洞及在我国四川省发现的无底洞。

海底有没有金字塔？

在与那国岛的南面海底，人们陆续发现了"古神殿"的遗迹。经专家长达8年的实地调查，发现该海底古城可能是1.5万年前琉球群岛与中国大陆还连在一起时的古文明遗迹，是由于地震引起地质变化而突然沉入海底的。它被人们称为"海底金字塔"。

与那国岛

柏拉图在作品中所描述的大西洲

大西洲存在吗？

大西洲是大西洋中传说的一个岛，它位于直布罗陀海峡以西。该传说的主要来源是柏拉图的两篇对话，即《提麦奥斯篇》和《克利梯阿斯篇》。事实上，大西洲的存在与否并无定论。

复活节岛的巨大石像怎么来的？

复活节岛上遍布着近千尊巨大的石雕人像，它们或卧于山野荒坡，或躺倒在海边。令人不解的是，岛上这些石像是怎么来的呢？有人说这是外星人的杰作。

hǎi dǐ bō li shì zěn me lái de
海底玻璃是怎么来的？

shēn hǎi bō li tǐ jī jù dà yuǎn fēi rén gōng suǒ néng zhì zào yīn
深海玻璃体积巨大，远非人工所能制造，因

ér bù kě néng shì rén gōng zhì zào yǐ hòu rēng dào shēn hǎi lǐ qù de yǒu
而不可能是人工制造以后扔到深海里去的。有

xiē xué zhě rèn wéi zhè zhǒng bō li de xíng chéng yǒu kě néng shì hǎi dǐ xuán
些学者认为，这种玻璃的形成，有可能是海底玄

wǔ yán shòu dào gāo yā hòu tóng hǎi shuǐ zhōng de mǒu xiē wù zhì fā shēng le
武岩受到高压后，同海水中的某些物质发生了

yī zhǒng wèi zhī de zuò yòng cóng ér shēng chéng le mǒu zhǒng jiāo níng tǐ zuì
一种未知的作用，从而生成了某种胶凝体，最

zhōng yǎn biàn wéi bō li
终演变为玻璃。

hǎi dǐ dòng xué bì huà shì shuí huà de
海底洞穴壁画是谁画的？

yī xiē xué zhě rèn wéi bīng hé shí dài mò qī de hǎi píng miàn bǐ jīn
一些学者认为，冰河时代末期的海平面比今

tiān yào dī dāng shí de rén men kě yǐ tōng guò shuǐ xià suì dào jìn
天要低，当时的人们可以通过水下隧道进

rù dòng xué hòu lái bīng hé shí dài jié shù hǎi shuǐ shàng zhǎng
入洞穴。后来冰河时代结束，海水上涨

jiāng suì dào yān mò dòng xué bèi mì fēng qǐ lái dòng xué nèi de
将隧道淹没，洞穴被密封起来，洞穴内的

bì huà dé yǐ bǎo hù cóng ér bì miǎn le fēng huà hé pò huài
壁画得以保护，从而避免了风化和破坏。

地中海洞穴精
美的壁画

死海为什么会有生命？

美国和以色列的科学家通过研究发现：在死海这种最咸的水中，仍有几种细菌和一种海藻生存其间。原来，死海中有一种叫作"盒状嗜盐细菌"的微生物，具备防止盐侵害的独特蛋白质。

南极真的有"魔海"吗？

南极有一个魔海，它的"魔力"足以令许多探险家视为畏途，这就是魔海威德尔海的魔力。首先在于它流冰的巨大威力；而绚丽多姿的极光和变化莫测的海市蜃楼，则是威德尔海的又一魔力。

威德尔海

你听过恐怖的骷髅海岸吗？

骷髅海岸是世界上为数不多的最为干旱的沙漠之一，当地人将其称之为"土地之神龙颜大怒"的结果。这里一年到头都难得下雨，该海岸绵延在古老的纳米比亚沙漠和大西洋冷水域之间，长500千米，葡萄牙海员称其为"地狱海岸"。

好望角为什么会产生风暴？

有些人认为，好望角附近海域风浪大是由西风造成的。他们认为，由于好望角恰恰位于西风带上，所以当地经常刮11级以上的大风，而大风又激起了巨浪。

海洋巨蟒到底是什么东西？

100多年来，人们多次看到海洋巨蟒这种巨大的怪物，可就是没有弄清它的真面目。相传这种巨兽身长足有31米，颈部粗5米多，身体最粗部位有15米；头呈扁平状，有皱褶；尖尾巴。背部黑色，腹部暗褐色，中央有一条细细的白色花纹。

你听过大王乌贼吗？

大王乌贼生活在深海，以鱼类为食，它能在漆黑的海水中捕捉到猎物。大王乌贼经常要和潜入深海觅食的抹香鲸进行殊死搏斗，抹香鲸经常被弄得伤痕累累。不过，目前人们只能从死

亡或受伤后漂浮到海面的那些大王乌贼那里了解到这类动物的一些信息。

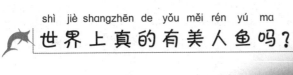

世界上真的有美人鱼吗？

科学界一般将海牛确认为美人鱼！海牛是一种大型的海生食草性哺乳动物，由于雌性海牛有与人类相近似的乳房，因而常被海员和渔民误认为是传说中的美人鱼。

海龟为什么把自己埋起来？

有人认为，海龟把自己埋起来是为了冬眠；也有人认为，海龟把自己埋起来是为了使身上的藤壶（一种海生软体动物）在淤泥里窒息而死。

海豹尸体上为什么有螺旋伤口？

近年来，人们在海岸边发现了一些有螺旋伤口的海豹尸体。这些伤口非常巨大，从头部一直延伸到腹部以下。研究人员原以为这些海豹很可能被卷入了不明船只的螺旋桨中，但未发现能制造这样巨大伤口的船只机械设备。因此，海豹们的死亡原因变得扑朔迷离。

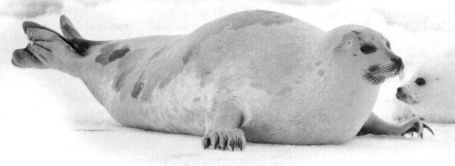

海豹

鲸为什么要"集体自杀"？

有些人认为，有些鲸喜欢群居。鲸群中常有某个成员充当领导，整个群往往随其一起游泳，一起觅食，也一起逃跑。当领导因病或遇害而上岸搁浅时，整个鲸群也就随之同归于尽。

鲸鱼搁浅

为什么蛇岛能吸引大量的蛇？
wèi shén me shé dǎo néng xī yǐn dà liàng de shé

在蛇岛形成过程中，由于受地层断裂的强大压力，岛上到处都有挤压隆起的褶皱，一些小的断裂也很多。此外，还有一些由风化侵蚀所形成的石缝或岩洞。

它们既有利于地下水蓄积和植物生长，又为蛇提供了良好的隐蔽和越冬场所，满足了蛇最基本的生存条件。

蛇

火炬岛上有人居住吗？
huǒ jù dǎo shang yǒu rén jū zhù ma

由于踏上火炬岛的人都会出现自燃现象，因此，该岛并无人居住。至于那些离奇的自燃原因，目前仍无人知晓。

图书在版编目（CIP）数据

海洋之迷/青少科普编委会编著.—长春：吉林
科学技术出版社，2012.12（2019.1重印）
（十万个未解之谜系列）
ISBN 978-7-5384-6369-9

Ⅰ.①海… Ⅱ.①青… Ⅲ.①海洋－青年读物②海洋
－少年读物 Ⅳ.①P7-49

中国版本图书馆CIP数据核字（2012）第275143号

十万个未解之谜系列
海洋之迷

编　　著	青少科普编委会
编　　委	侣小玲　金卫艳　刘　珺　赵　欣　李　婷　王　静　李智勤
	赵小玲　李亚兵　刘　彤　靖凤彩　袁晓梅　宋媛媛　焦转丽
出 版 人	李　梁
选题策划	赵　鹏
责任编辑	万田继
封面设计	长春茗尊平面设计有限公司
制　　版	张天力
开　　本	710×1000　1/16
字　　数	150千字
印　　张	10
版　　次	2013年5月第1版
印　　次	2019年1月第7次印刷

出　　版	吉林出版集团
	吉林科学技术出版社
发　　行	吉林科学技术出版社
地　　址	长春市人民大街4646号
邮　　编	130021
发行部电话/传真	0431-85635177　85651759　85651628
	85677817　85600611　85670016
储运部电话	0431-84612872
编辑部电话	0431-85630195
网　　址	http://www.jlstp.com
印　　刷	北京一鑫印务有限责任公司

书　　号	ISBN 978-7-5384-6369-9
定　　价	29.80元